U0268791

生产建设项目水土保持设施
技术评估报告编制技术

主　编　时明立　苏仲仁
副主编　杨　二　黄　静
　　　　李　莉　宋建锋

黄河水利出版社
·郑州·

内 容 提 要

《生产建设项目水土保持设施技术评估报告》是竣工验收工作的必备文件,是贯彻《中华人民共和国水土保持法》的具体体现。为了又好又快地编制技术评估报告,本书以相关水土保持技术标准为依据,在分析研究各类评估报告的基础上,吸收其精华,结合从事水土保持工作的经验和评估报告编制实践,以通俗的语言、简洁的文字、典型的实例、图文表并茂的形式介绍了评估报告的结构安排、各章节内容、编制方法、图件、表式和应注意的问题。

本书可供评估报告编制人员使用、验收人员参考。

图书在版编目(CIP)数据

生产建设项目水土保持设施技术评估报告编制技术/时明立,苏仲仁主编. —郑州:黄河水利出版社,2013.12
ISBN 978 - 7 - 5509 - 0660 - 0

Ⅰ.①生… Ⅱ.①时…②苏… Ⅲ.①基本建设项目 – 水土保持 – 技术评估 – 技术报告 – 编制 Ⅳ.①S157

中国版本图书馆 CIP 数据核字(2013)第 300441 号

出 版 社:黄河水利出版社 网址:www.yrcp.com
　　　　　　地址:河南省郑州市顺河路黄委会综合楼 14 层 邮政编码:450003
发行单位:黄河水利出版社
　　　　发行部电话:0371 – 66026940、66020550、66028024、66022620(传真)
　　　　E-mail:hhslcbs@ 126. com
承印单位:河南省瑞光印务股份有限公司
开本:787 mm × 1 092 mm 1/16
印张:7. 75 插页:10
字数:97 千字 印数:1—2 000
版次:2013 年 12 月第 1 版 印次:2013 年 12 月第 1 次印刷
定价:50. 00 元

《生产建设项目水土保持设施技术评估报告编制技术》编辑委员会

主　　编　时明立　　苏仲仁

副 主 编　杨　二　　黄　静　　李　莉　　宋建锋

编　　委　左仲国　　史学建　　李　勉　　陈江南
　　　　　　康玲玲　　冉大川　　肖培青　　徐　林

参加编写人员（排名不分先后）：
　　　　　　鲍宏喆　　陈　丽　　申震洲　　王玲玲
　　　　　　王昌高　　哈　欢　　霍　建　　陈吉虎
　　　　　　常丹东　　孟祥军　　杨吉山　　杨春霞
　　　　　　董飞飞　　孙维营　　王金花　　李莉（小）
　　　　　　孔祥兵　　吕锡芝　　倪用鑫　　焦　鹏
　　　　　　陈润梅　　孙　娟　　侯欣欣　　罗俊皓
　　　　　　霍雅静　　王凯磊　　李冰洁　　牛志鹏
　　　　　　王　峰　　陈小科　　金　锦　　胡继民
　　　　　　李　萍　　李　军　　张　平　　张　建
　　　　　　朱启彬　　徐建昭　　郝　捷　　双　瑞
　　　　　　赵胜朝　　王秋实

序

土是基础,水是命脉,水土资源是人类生存和发展的基本条件,是不可替代的基础资源。水土流失既是资源问题,又是生态问题。预防和治理水土流失,保护和合理利用水土资源,减轻水、旱、风、沙灾害,改善生态环境,保障经济社会可持续发展,是落实科学发展观、全面建成小康社会的重要任务。

生产建设活动不注意水土保持,是造成水土流失加剧的重要原因。《中华人民共和国水土保持法》规定:"依法应编制水土保持方案的生产建设项目中的水土保持设施,应当与主体工程同时设计、同时施工、同时投产使用;生产建设项目竣工验收,应当验收水土保持设施;水土保持设施未经验收或者验收不合格的,生产建设项目不得投产使用。"为搞好生产建设项目水土保持设施验收工作,中华人民共和国水利部颁布了《开发建设项目水土保持设施验收管理办法》;中华人民共和国国家质量监督检验检疫总局、中国国家标准化管理委员会发布了《开发建设项目水土保持设施验收技术规程》,有力地推动了全国生产建设项目水土保持设施验收工作的开展。

生产建设项目水土保持设施技术评估,是生产建设项目竣工验收工作的前提,是贯彻落实水土保持法律法规、落实科学发展观、建设资源节约型和环境友好型社会的具体体现。《生产建设项目水土保持设施技术评估报告》是水土保持设施验收的必备文件。为更好更快地编制水土保持设施技术评估报告,编者依据相关技术标准,在分析研究各类技术评估报告的基础上,吸收有关报告的精华,结合从事水土保持工作的经验和评估报告编制的实践,撰写了《生产建设项目水土保持设施技术评估报告编制技术》,以通俗的语言、简洁的文字、典型的实例、图文表并茂的形式介绍了评估报告的结构安排、各章节内容、编制方法、图件、表式和应注意的问题。我相信该书的出版发行必将对技术评估报告的编制起到指导作用。

2013 年 12 月

　　《中华人民共和国水土保持法》第二十七条规定:"依法应当编制水土保持方案的生产建设项目中的水土保持设施,应当与主体工程同时设计、同时施工、同时投产使用;生产建设项目竣工验收,应当验收水土保持设施;水土保持设施未经验收或者验收不合格的,生产建设项目不得投产使用。"第五十四条规定:"违反本法规定,水土保持设施未经验收或验收不合格将生产建设项目投产使用的,由县级以上人民政府水行政主管部门责令停止生产或者使用,直至验收合格,并处五万元以上五十万元以下的罚款。"《开发建设项目水土保持设施验收管理办法》第十条规定:"国务院水行政主管部门负责验收的开发建设项目,应当先进行技术评估。省级水行政主管部门负责验收的开发建设项目,可以根据具体情况参照前款规定执行。"第十一条规定:"技术评估,由具有水土保持生态建设咨询评估资质的机构承担……并提交评估报告。"《开发建设项目水土保持设施验收技术规程》提出了水土保持技术评估报告的编写提纲。贯彻落实《中华人民共和国水土保持法》、水利部规章和技术规程,各生产建设项目水土保持设施验收技术评估机构,在评估报告编制的实践中总结出一批新经验,有了新发展,呈现出新特点。

　　技术评估即建设单位委托水土保持设施验收技术评估机构,对项目建设中的水土保持设施的数量、质量、进度,投资使用,管理维护和防治效果等进行全面的评估。《生产建设项目水土保持设施技术评估报告》是竣工验收工作的必备文件。为又好又快地编制《技术评估报告》，编者以《开发建设项目水土保持技术规范》、《开发建设项目水土保持设施验收技术规程》、《水土保持工程质量评定规程》等有关标准为依据，在分析研究各类技术评估报告的基础上，吸收有关报告的精华，结合从事水土保持工作的经验和评估报告编制的实践，撰写了《生产建设项目水土保持设施技术评估报告编制技术》，以通俗的语言、简洁的文字、典型的实例、图文表并茂地介绍了评估报告的结构安排、各章节的内容、编制方法、图件、表式和应注意的问题，供评估报告编制人员使用、验收人员参考。

　　本书是按评估报告的编制顺序编写的，不仅满足了《开发建设项目水土保持设施验收技术规程》关于水土保持设施技术评估报告编制的要求，而且结构更加合理，内容更加全面，评估方法更加完善。在结构上，为了便于参加验收工作的领导、专家分析评估报告的全面性、科学性、客观性、公正性，增加了评估工作概述一章，简要地介绍评估的依据、组织、程序、内容、方法和标准；为了便于评价水土保持设施施工的合理性、科学性、安全性与时效性，增加了水土保持监理评价一章；为了保持各章篇幅的基本平衡，将综合结论与遗留问题及建议合并成一章。在内容方面，简化了项目、项目区、水土保持方案和设计情况的介绍，只保留与评估有关的内容，防止了照抄照搬水土保持方案的现象；考虑临时防治措施对控治施工期水土流失起关键性作用，增加了临时防治措施数量和质量的评价；为确保工程安全，增加了对重要单位工程的质量评价；为了对项目的水土保持设施质量作出总体评价，补充了工程项目的质量评价；增加了水土流失防治与水土保持设施管理维护方面的经验介绍，供各生产建设单位借鉴。在评估方法上，通过评估抽查复核自查初验各项水土保持设施完成的数量、质量和投资情况，得出比较符合实际的结论，并与水土保持方案与设计确定的数量进行对比，说明变化情况及原因。

　　本书的编写,得到了牛崇桓、沈雪建、张长印、朱小勇、张大全等专家的指导和帮助,参考了有关技术文献,引用了一批优秀评估报告的内容,在此致以衷心的感谢!

　　限于编者的知识水平和实践经验,本书的缺点和不足之处在所难免,恩请广大读者批评指正。

编　者
2013 年 5 月

目　录

前 言

前言包括以下四方面内容：

一是概要地介绍项目所处的行政区划位置（点式工程到乡级，线型工程说明起止点和途经的县级单位）、项目建设的意义。

二是简单介绍水土保持方案编制、审查、审批单位与时间，项目动工、完工时间。

三是简述技术评估过程。

四是对在评估过程中给予支持和帮助的单位表示感谢。

例 1-1　某高速公路项目

××高速公路位于陕西省××市境内，起自××县××乡（K167＋748.947），经××、××、××、××县，止于××县××乡（K311＋059.284），全长143.31 km。该高速公路是国家规划建设的西部大开发八条公路干线之一，是包（头）—北（海）高速公路和陕西省"米"字形公路网主骨架中贯通南北主干线的重要组成部分。项目建设对改善陕西省公路交通、加快地区旅游资源开发、促进区域经济发展、推动陕北能源重化工基地建设具有重要意义。

该项目由陕西省高速公路建设集团公司投资，陕西省××高速公路有限责任公司负责建设，××年××月委托××单位开展了《××高速公路水土保持方案报告书》的编制工作；××年××月××日～××日水利部水土保持监测中心在西安主持召开了该报告书（送审稿）审查会；××年××月水利部以"水函〔××〕×号"文对该报告进行了批复。该项目于××年××月动工，××

年××月完工。

根据《开发建设项目水土保持设施验收管理办法》的规定，××水土保持生态工程咨询有限公司受陕西××高速公路有限责任公司委托，承担了该项目水土保持设施竣工验收的技术评估工作；依据《开发建设项目水土保持设施验收技术规程》，于××年××月至××月成立了技术评估组，下设综合、工程措施、植物措施和经济财务四个专业组；经过前期精心准备、周密安排，于××年××月××日～××日深入工程现场，听取了建设、监理、监测单位关于工程建设和水土保持方案实施情况的介绍；分组查阅了工程设计、招投标文件、验收、监理、监测、质量管理、财务结算等档案资料；核查了水土流失防治责任范围、水土保持设施的数量、质量及其防治效果；对可能产生水土流失重大影响或投资较大的重要单位工程进行了详查；全面了解了水土保持设施运行及管护责任的落实情况；对沿线××个县进行了公众调查，发放调查问卷××份；召开了有工程建设、监理、监测、地方各级水行政主管部门参加的座谈会，广泛听取了有关方面的意见，对存在问题提出了补充完善意见和建议；事后，对补充完善意见的落实情况进行了复查。通过深入研究、分析，综合组、工程措施组、植物措施组、经济财务组分别提出了评估意见。依据各专业组评估和当地水行政主管部门的意见，编制完成了该技术评估报告。技术评估主要结论见表1-1《水土保持设施验收技术评估特性表》。

项目建设单位对评估工作十分重视，在评估过程中，积极配合，大力支持，提供了良好的工作条件。陕西省和公路沿线各级水行政主管部门及监理、监测等有关单位，也都给予了大力支持和帮助，在此一并表示感谢。

表 1-1　××高速公路水土保持设施验收技术评估特性表

验收工程名称	××高速公路	验收工程地点		陕西省××市
所在流域	黄河	所属国家、省级水土流失重点防治区		国家重点治理区,省级重点预防保护区、重点治理区
水土保持方案批复部门、时间及文号	××年××月水利部水函〔××〕××号			
工期	主体工程			××年××月~××年××月
防治责任范围(hm²)	方案确定的防治责任范围			2 128.30 hm²
	实际发生的防治责任范围			1 831.64 hm²
方案拟订水土流失防治目标	扰动土地整治率	90%	实际完成水土流失防治目标	扰动土地整治率	95%
	水土流失总治理度	80%		水土流失总治理度	88%
	土壤流失控制比	0.8		土壤流失控制比	0.9
	拦渣率	90%		拦渣率	90%
	林草植被恢复率	95%		林草植被恢复率	95%
	林草覆盖率	30%~13%		林草覆盖率	16%
主要工程量	工程措施	拦渣坝××座××m,浆砌石排水沟××m,浆砌片石骨架护坡××m²,土地整治××hm²		
	植物措施	实施植物措施面积××hm²,栽植乔灌木××万株,种草××hm²		
工程质量评定	评定项目	总体质量评定		外观质量评定
	工程措施	合格		合格
	植物措施	合格		合格
投资(万元)	水土保持方案投资(万元)			××
	实际投资(万元)			××
	增加投资(万元)			××
工程总体评价	水土保持工程建设符合国家水土保持相关技术标准的要求,各项工程安全可靠,质量合格,总体工程质量达到了验收标准,可以组织竣工验收			

续表 1-1

水土保持方案编制单位		××单位	主要施工单位	工程措施:陕西省路桥公司、中铁十二局等二十七家企业 植物措施:陕西省高速集团绿化公司
水土保持监测单位		××省水保生态环境监测中心	监理单位	××黄河工程监理有限公司
评估单位	名称	××水保生态工程咨询有限公司	建设单位 名称	陕西××高速公路有限责任公司
	地址	北京市××区××路××号	地址	陕西省西安市
	联系人	××	联系人	××
	电话	××	电话	××
	传真/邮编	××/××	传真/邮编	××/××
	电子信箱	××	电子信箱	××

评估工作概述

本章应简述技术评估的依据、组织、程序、内容、方法和标准，以便参加验收工作的领导、专家分析评估的依据是否充分、组织是否健全、程序是否合理、内容是否全面、方法是否可行、评定标准是否符合技术规程的规定。只有遵循下述原则进行评估，才能编制出全面、科学、客观、公正的技术评估报告。

2.1 评估依据

按法律法规、部委规章、规范性文件、技术标准、技术文件、技术资料分层次列出。应注意依据的时效性，采用最新的，与技术评估无直接关系的不要罗列。

2.2 评估组织

说明评估单位的资质、评估组织、参加评估人员的构成等情况。

2.3 评估程序

评估程序应从成立评估组织开始介绍到评估成果产生的过程。可用文字说明，也可用框图反映。

2.4 评估内容

一是评价项目建设是否履行了法律法规手续，落实了法律法规要求。

二是从以下几方面对水土保持设施进行技术评估:

(1)水土保持设施建设情况。

(2)水土保持工程质量。

(3)水土保持监测。

(4)水土保持监理。

(5)水土保持投资及资金管理。

(6)水土保持效果。

(7)水土保持设施管理维护。

2.5　评估方法

评估方法有现场查勘、资料查阅和公众调查。实行内业查阅资料与外业查勘现场相结合,问卷调查与座谈讨论相结合。

2.5.1　现场查勘

主要查勘生产建设项目水土流失防治责任范围,水土保持设施总体布局,水土保持工程措施、植物措施完成的数量、质量和管理维护情况,水土保持效果等。

现场查勘应采取普查与重点核查相结合的方法,根据生产建设项目类型,确定重点评估范围内与其他评估范围内水土保持单位工程、重要单位工程的核查比例,分部工程抽查核实比例。

2.5.1.1　项目划分

项目划分是技术评估的基础,划分为单位工程、分部工程、单元工程,并明确重要单位工程、主要分部工程。

单位工程:可以独立发挥作用,具有相应规模的单项治理措施和较大的单项工程。

分部工程:单位工程的主要组成部分,可单独或组合发挥一种水土保持功能的措施。

单元工程:分部工程中由几个工序、工种完成的最小综合体,是日常质量考核的基本单位。

重要单位工程:是指对周边可能产生水土流失重大影响或投资较大的单位工程,包括征占地不小于 5 hm^2 或土石方量不小于 5×10^4 m^3 的大中型弃土(渣)场或取土场的防护措施;工程投资不小于 1 万元的穿(跨)越工程及临河建筑物;周边有居民点或学校且征占地不小于 1 hm^2 或不小于 5×10^4 m^3 的小型弃渣场的防护措施;占地 1 hm^2 及以上的园林绿化工程等。

主要分部工程:拦渣工程和防洪排导工程的基础开挖与处理、坝(墙、堤)体;斜坡防护工程的工程护坡、截(排)水;土地整治工程的场地平整;降雨蓄渗工程的径流拦蓄;临时防护工程的拦挡和排水;植被建设工程的点片状植被;防风固沙工程的植物固沙等。

生产建设项目水土保持工程评估项目划分见表2-1。

表 2-1　生产建设项目水土保持工程评估项目划分表

单位工程	分部工程	单元工程划分
拦渣工程	△基础开挖与处理	每个单元工程长 50～100 m,不足 50 m 的可单独作为一个单元工程;大于 100 m 的可划分为两个以上单元工程
	△坝(墙、堤)体	每个单元工程长 30～50 m,不足 30 m 的可单独作为一个单元工程;大于 50 m 的可划分为两个以上的单元工程
	防洪排水	按施工面长度划分单元工程,每 30～50 m 划分为一个单元工程,不足 30 m 的可单独作为一个单元工程;大于 50 m 的可划分为两个以上的单元工程
斜坡防护工程	△工程护坡	1. 基础面清理及削坡开级,坡面高度在 12 m 以上的,施工面长度每 50 m 作为一个单元工程;坡面高度在 12 m 以下的,每 100 m 作为一个单元工程 2. 浆砌石、干砌石或喷涂水泥砂浆,相应坡面护砌高度,按施工面长度每 50 m 或 100 m 作为一个单元工程 3. 坡面有涌水现象时,设置反滤体,相应坡面护砌高度,以每 50 m 或 100 m 作为一个单元工程 4. 坡脚护砌或排水渠,相应坡面护砌高度每 50 m 或 100 m 为一个单元工程

续表 2-1

单位工程	分部工程	单元工程划分
斜坡防护工程	植物护坡	高度在 12 m 以上的坡面,按护坡长度每 50 m 作为一个单元工程;高度在 12 m 以下的坡面,每 100 m 作为一个单元工程
	△截(排)水	按施工面长度划分单元工程,每 30 ~ 50 m 划分为一个单元工程,不足 30 m 的可单独作为一个单元工程
土地整治工程	△场地整治	每 0.1 ~ 1 hm² 作为一个单元工程,不足 0.1 hm² 的可单独划分为一个单元工程,大于 1 hm² 的可划分为两个以上单元工程
	防洪排水	按施工面长度划分单元工程,每 30 ~ 50 m 划分为一个单元工程,不足 30 m 的可单独作为一个单元工程
	土地恢复	每 100 m² 作为一个单元工程
防洪排导工程	△基础开挖与处理	每个单元工程长 50 ~ 100 m,不足 50 m 的可单独作为一个单元工程
	△坝(墙、堤)体	每个单元工程 30 ~ 50 m,不足 30 m 的可单独作为一个单元工程,大于 50 m 的可划分为两个以上单元工程
	防洪导流设施	按段划分,每 50 ~ 100 m 作为一个单元工程
降雨蓄渗工程	降雨蓄渗	每个单元工程 30 ~ 50 m³,不足 30 m³ 的可单独划分为一个单元工程,大于 50 m³ 的可划分为两个以上单元工程
	△径流拦蓄	同降水蓄渗工程
临时防护工程	△拦挡	每个单元工程量为 50 ~ 100 m,不足 50 m 的可单独作为一个单元工程,大于 100 m 的可划分为两个以上单元工程
	沉沙	按容积分,每 10 ~ 30 m³ 为一个单元工程,不足 10 m³ 的可单独作为一个单元工程,大于 30 m³ 的可划分为两个以上单元工程
	△排水	按长度划分,每 50 ~ 100 m 作为一个单元工程
	覆盖	按面积划分,每 100 ~ 1 000 m² 作为一个单元工程,不足 100 m² 的可单独作为一个单元工程,大于 1 000 m² 可划分为两个以上单元工程

续表 2-1

单位工程	分部工程	单元工程划分
植被建设工程	△点片状植被	以设计的图斑作为一个单元工程,每个单元工程面积 0.1 ~ 1 hm^2,大于 1 hm^2 的可划分为两个以上单元工程
	线网状植被	按长度划分,每 100 m 为一个单元工程
防风固沙工程	△植物固沙	以设计的图斑作为一个单元工程,每个单元工程面积 1 ~ 10 hm^2,大于 10 hm^2 的可划分为两个以上单元工程
	工程固沙	每个单元工程面积 0.1 ~ 1 hm^2,大于 1 hm^2 的可划分为两个以上单元工程

注:表中带 △ 为主要分部工程。

重要单位工程应说明名称、位置、规模、主要设计内容,关键部位的几何尺寸、防御标准。

2.5.1.2 评估核查比例

为了保证评估质量,核查数量必须达到一定比例。《开发建设项目水土保持设施验收技术规程》中,对各类型项目水土保持设施的核查比例作了如下规定。

(1)点型生产建设项目

点型生产建设项目包括矿山、电厂、城市建设、水利枢纽、水电站、机场等布局相对集中、呈点状分布的生产建设项目。这类项目的重点评估范围应为土石方扰动较强、水土流失防治措施集中、投资份额较高以及容易造成水土流失危害的区域。如火电厂的贮灰场、水利枢纽的取土场和弃土(渣)场及周边地区、矿山中的矸石山(场)等区域。

点型生产建设项目技术评估核查的比例应达到下列要求:

1)重点评估范围内的水土保持单位工程应全面查勘,分部工程的抽查核实比例应达到50%。其中,植物措施中的草地核实面积应达到50%,林地核实面积应达到80%。

2)其他评估范围的水土保持单位工程查勘比例应达到50%,

分部工程的抽查核实比例应达到30%。其中,植物措施中的草地核实面积应达到30%,林地核实面积应达到50%。

3)重要单位工程应全面查勘,其分部工程的抽查核实比例应达到50%。重要单位工程中,植物措施中的草地核实面积应达到80%,林地核实面积应达到90%。

(2)线型生产建设项目

线型生产建设项目包括公路、铁路、管道工程、灌渠等布局跨度较大、呈线状分布的生产建设项目。重点评估范围应为主体工程沿线附近的弃土(石、渣)场、取土(石、料)场、伴行(临时)道路,穿(跨)越河(沟)道、中长隧道、管理站所等沿线关键控制点。

线型生产建设项目水土保持单位工程的查勘比例应达到下列要求:

1)重点评估范围内,单位工程查勘比例应达到50%;在不同地貌类型或不同侵蚀类型区,应分别进行核实。

2)其他评估范围内,单位工程查勘比例应达到30%。

3)对重要单位工程,查勘比例应达到80%。

按照工程建设扰动地表强度的不同,线型生产建设项目可分为扰动强度较弱的 A 类项目和扰动强度较强的 B 类项目。输气(油)管、输电线路等属于 A 类项目,公路、铁路等属于 B 类项目。

对 A 类项目,重点评估范围中分部工程抽查核实比例应达到40%,其他评估范围应达到30%。

对 B 类项目,重点评估范围中分部工程抽查核实比例应达到50%,其他评估范围应达到30%。

(3)混合类型生产建设项目

混合类型项目应先划分成点型和线型分(支)项目,再参照上述要求确定单位工程查勘比例和分部工程抽查核实比例,其中线型分项目的比例应调增10%。

2.5.1.3　核查方法

应说明重要单位工程和其他单位工程的核查方法、工程措施核查典型和植物措施核查样地与样地面积确定原则。

《开发建设项目水土保持设施验收技术规程》关于核查方法的规定是：

（1）对重要单位工程，应全面核查工程措施的外观质量，并对关键部位的几何尺寸进行测量；全面核查植物措施生长状况（完成率、成活率和保存率）和林草植被种植面积；检查水土流失防治效果等。

对其他单位工程，应核查主要分部工程的外观质量、对关键部位几何尺寸进行测量；核查主要部位植物措施生长状况和林草种植面积；检查水土流失防治效果等。

（2）对重要单位工程，工程措施的外观质量和几何尺寸可采用目视检查和皮尺（或钢卷尺）测量，必要时采用 GPS、经纬仪或全站仪测量；混凝土浆砌石强度可采用混凝土回弹仪检查，必要时可做破坏性检查。植物措施可采用样方测量，必要时可对覆土厚度、坑穴尺寸等做探坑和挖掘检查。

对其他单位工程，工程措施的外观质量和几何尺寸可采用目视检查和皮尺（或钢卷尺）测量。植物措施采用样方测量。

《水土保持工程质量评定规程》规定：

（1）造林成活率检查应采用标准地或标准行法。造林面积在 7 hm^2 以下，标准地或标准行应占 5%；造林面积在 7～32 hm^2，标准地或标准行应占 3%；造林面积在 32 hm^2 以上，标准地或标准行应占 1%。标准地、标准行选择应随机抽样。山地幼林成活率检查应包括不同地形和坡向。

（2）造林成活率和保存率测定。一般情况下，在规定的抽样范围内取 30 m×30 m 的样方，检查造林株数、成活株数与保存株数。成活株数除以造林株数为成活率（%），保存株数除以造林株数为保存率（%）。

种草出苗与生长情况测定：在规定抽样范围内取 2 m×2 m 样

方,测定其出苗与生长情况。用目测清点出苗数、垂直投影对地面的盖度,计算其成活率、保存率。

2.5.2　资料查询

主要查阅分析技术文件、技术资料,评估水土保持监测、监理、临时防护措施的数量和质量,水土保持投资及资金管理;结合外业查勘评估水土保持工程措施、植被措施的数量、质量和管护情况。

2.5.3　公众调查

采用发放问卷和座谈访问的方式,从项目建设对当地经济发展的影响和项目林草植被建设、项目建设期间防护、土地恢复和绿化情况等方面征求项目区干部、群众的意见和看法。

2.6　质量评定标准

说明单位工程和工程项目质量评定标准。

评定标准按《水土保持工程质量评定规程》规定执行。

2.6.1　单位工程质量评定

2.6.1.1　合格

同时符合下列条件的单位工程可确定为合格:

(1)分部工程质量全部合格。

(2)中间产品及原材料质量全部合格。

(3)大中型工程外观质量得分率达到70%以上。

(4)施工质量检验资料基本齐全。

2.6.1.2　优良

同时符合下列条件的单位工程可确定为优良:

(1)分部工程质量全部合格,其中50%以上达到优良,主要分部工程质量优良,且施工中未发生过重大质量事故。

(2)中间产品和原材料质量全部合格。

(3)大中型工程外观质量得分率达到85%以上。

(4)施工质量检验资料齐全。

2.6.2 工程项目质量评定

(1)单位工程质量全部合格的工程可评定为合格。

(2)符合以下标准的工程可评为优良:单位工程质量评定全部合格,其中有50%以上的单位工程质量优良,且主要单位工程质量优良。

例 某火电厂二期扩建项目

1.评估依据

(1)法律法规

1)《中华人民共和国水土保持法》,全国人大常委会,1991年颁布,2010年修订;

2)《中华人民共和国环境影响评价法》,全国人大常委会,2003年颁布;

3)《中华人民共和国水土保持法实施条例》,1993年国务院令第120号;

4)《建设项目环境保护管理条例》,1998年国务院令第253号;

5)《河南省实施〈中华人民共和国水土保持法〉办法》,1997年修订。

(2)部委规章

1)《开发建设项目水土保持设施验收管理办法》,2002年10月14日,水利部令第16号,第24号令修订;

2)《水土保持生态环境监测网络管理办法》,2000年1月31日,水利部令第12号。

(3)规范性文件

1)《关于加强大中型开发建设项目水土保持监理工作的通知》,水利部水保〔2003〕89号;

2)《关于规范生产建设项目水土保持监测工作的意见》,水利部水保〔2009〕187号;

3)《水利部水土保持司关于进一步规范水土保持设施验收技术评估工作的通知》,水保监便字〔2008〕28 号;

4)《水利部水土保持司关于进一步规范水土保持设施验收技术评估工作的补充通知》,水保监便字〔2008〕107 号;

5)《河南省人民政府关于划分水土流失重点防治区的通告》,1999 年 7 月 1 日;

6)《关于加强大型开发建设项目水土保持监督检查工作的通知》,水利部办水保〔2004〕97 号;

7)《关于印发生产建设项目水土保持设施验收技术评估工作座谈会会议纪要的通知》,水保函〔2009〕4 号;

8)《关于印发生产建设项目水土保持设施验收技术评估工作座谈会会议纪要的通知》,水保监便字〔2010〕65 号。

(4)技术标准

1)《开发建设项目水土保持技术规范》(GB 50433—2008);

2)《开发建设项目水土流失防治标准》(GB 50434—2008);

3)《水土保持综合治理效益计算方法》(GB/T 15774—2008);

4)《开发建设项目水土保持设施验收技术规程》(GB/T 22490—2008);

5)《水土保持工程质量评定规程》(SL 336—2006);

6)《土壤侵蚀分类分级标准》(SL 190—2007)。

(5)技术文件

1)××电厂二期工程(2×600 MW)水土保持设施技术评估报告编制委托书;

2)国家发展和改革委员会关于《河南××电厂二期 2 台 60 万千瓦机组"上大压小"工程项目核准的批复》,发改能源〔2008〕698 号;

3)水利部关于《××电厂二期工程(2×600 MW)水土保持方案的复函》,水保函〔2005〕469 号;

4)河南省水利厅关于印发《××电厂一期工程(2×350 MW)水土保持设施竣工验收意见》的通知,豫水土〔2005〕35号;

5)《××电厂二期工程(2×600 MW)初步设计批复意见》,中国国际工程咨询公司咨能源〔2008〕1563号;

6)中国大唐集团公司河南分公司《关于××电厂二期工程(2×600 MW)有关水土保持工作设计变更的批复》,工程〔2009〕18号。

(6)技术资料

1)《××电厂二期工程(2×600 MW)水土保持方案报告书》(报批稿);

2)《××电厂二期工程(2×600 MW)初步设计报告》;

3)有关水土保持工程竣工资料、竣工决算资料、施工、监理和质量评定资料;

4)有关粉煤灰和脱硫石膏的综合利用协议和销售合同、绿化工程合同、运行维护合同等;

5)水土保持方案实施工作总结报告、水土保持设施竣工验收技术报告、水土保持监测总结报告、水土保持监理总结报告。

2.评估组织

××单位是水利部确认的生产建设项目水土保持设施验收技术评估单位。接收委托后成立了评估组,下设综合、工程、植物和经济财务4个专业组;参加评估的有11名专业技术人员,其中教授级高级工程师1人,高级工程师5人,工程师2人,助理工程师3人,涵括了水土保持、水利工程、植物学、财务经济等专业。

3.评估程序

评估程序分为成立评估组织、确定评估方法、评估实施、提交评估成果,详见图2-1。

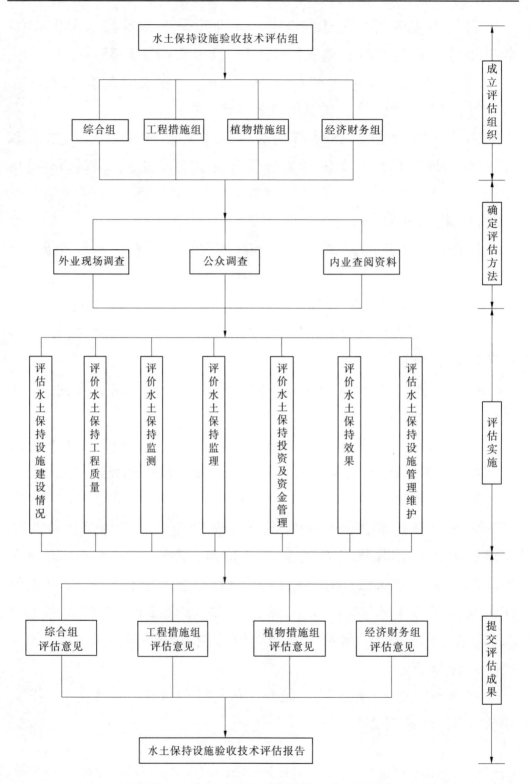

图 2-1　××火电厂二期扩建工程水土保持设施验收技术评估程序图

4. 评估内容

（1）履行法律法规手续、落实法律法规要求的评估

项目建设单位在项目可行性研究阶段（核准前）依法编制了水土保持方案，在初步设计阶段依据批复的水土保持方案编制了水土保持初步设计，施工图阶段进行了水土保持施工图设计；在主体工程建设中同步实施了水土保持措施，并开展了水土保持专项监理和监测；主体工程竣工验收前申请进行水土保持设施专项验收，符合水土保持法律法规的手续和要求。

（2）水土保持设施技术评估

1）水土保持设施建设情况

包括防治责任范围、水土保持设施总体布局、各类水土保持设施数量和实施进度的评估。

2）水土保持工程质量

包括质量管理体系和工程措施、植物措施、临时措施、重要单位工程、工程项目质量评价。

3）水土保持监测

主要评价监测实施的合理性、监测成果的可信度。

4）水土保持监理

主要评价监理实施的规范性、监理成果的可靠性和监理的作用。

5）水土保持投资及资金管理

主要分析水土保持投资完成情况、与设计相比的变化情况，评价投资控制与财务管理。

6）水土保持效果

评价水土流失治理、生态环境和土地生产力恢复情况，分析防治目标是否达到设计要求和项目建设前、后水土保持功能变化情况及群众满意度。

7）水土保持设施管理维护

主要从明确管护责任、制定管护制度、落实管护人员和管护效果几方面进行评价。

5. 评估方法

（1）现场查勘

根据《水土保持工程质量评定规程》、《开发建设项目水土保持设施验收技术规程》的要求，评估组在对各类水土保持设施进行项目划分的基础上，采取普查与重点核查相结合的方式，确定核查比例、内容和方法。

1）项目划分

根据评估项目划分原则，结合本项目具体情况，评估范围内共划分了 6 个单位工程、16 个分部工程、563 个单元工程，详见表 2-2。

表 2-2 　××火电厂二期扩建工程评估项目划分表

序号	单位工程	分部工程	分部工程位置	单元工程个数
1	拦渣工程	△基础开挖与处理	厂区贮煤场	4
		△墙体	厂区贮煤场	4
2	斜坡防护工程	△工程护坡	厂区西侧挡土墙	9
			厂区升压站东侧砌石骨架	9
		植物护坡	厂区升压站东侧骨架内植草	9
			贮灰场子坝坝坡植草	5
		△截排水	贮灰场子坝平台	17
			厂区升压站东侧坡脚	18
3	土地整治工程	△场地整治	厂区	32
			施工生产生活区	15
		土地恢复	厂外供水管线区	58

续表 2-2

序号	单位工程	分部工程	分部工程位置	单元工程个数
4	防洪排导工程	△基础开挖与处理	施工生产生活区南侧毛石排洪沟	11
			施工生产生活区道路两侧砖砌排水沟	43
			铁路专用线方庄车站浆砌石排水沟	17
			厂外道路两侧土质排水沟	28
		△浆砌石砌体	施工生产生活区南侧毛石排水沟	11
			铁路专用线方庄车站浆砌石排水沟	17
		△砖砌体	施工生产生活区道路两侧砖砌排水沟	43
5	植被建设工程	△点片状植被	厂区主厂房区绿化	1
			厂区 500 kV 升压站区绿化	1
			厂区化学水处理区绿化	1
			厂区铁路运输区绿化	1
			厂区冷却塔区绿化	4
			厂区贮卸煤、除灰渣设施区绿化	14
			施工生产生活区绿化	5
		线网状植被	贮灰场坝坡植草	14
			厂外道路两侧绿化	11
			铁路专用线路基边坡植草	17
6	临时防护工程	△拦挡	铁路专用线编织土袋拦挡	13
			厂外道路区编织土袋拦挡	40
			贮灰场区临时挡土埂	9
		沉沙	施工生产生活区临时沉沙池	8
		△排水	厂区砖砌临时排水沟	19
			施工生产生活区砖砌临时排水沟	38
		覆盖	厂区基坑堆土彩条布临时覆盖	3
			厂区石子铺地	3
			厂区边坡草坪砖防护	4
			厂区草坪覆盖	3
			施工生产生活区石子铺地	3
			施工生产生活区边坡草坪砖防护	1

注:临时防护工程是根据施工、监理、竣工报告等档案资料划分。带△为主要分部工程。

重要单位工程:该项目重要单位工程是厂区绿化,面积 5.26 hm²,设计采用乔、灌、草立体绿化,树草种有:直径 4~5 cm 樱花、4~5 cm 高秆石楠、6~8 cm 桂花、5~7 cm 百日红、直径 3~4 cm 月季、直径 1~2 cm 连翘、高 100~150 cm 红叶石楠、高 100~150 cm 夹竹桃、50 cm 金叶女贞、高 50 cm 小叶女贞、高 50 cm 红叶女贞,高 70~90 cm 大叶女贞和草坪。

2)评估核查比例

项目重点评估范围为厂区、施工生产生活区和贮灰场区,其他评估范围为厂外供水管线区、铁路专用线区和厂外道路区。该项目属于点型生产建设项目,重点评估范围内的水土保持单位工程全面查勘,分部工程的抽查核实比例为 50%。其中,植物措施中的草地核实面积 50%,林地核实面积 80%。其他评估范围内水土保持单位工程查勘比例为 50%,分部工程的抽查核实比例为 30%。其中,植物措施中草地核实面积 30%,林地核实面积 50%。重要单位工程厂区绿化的林地核实面积 90%,草地核实面积 80%。

3)核查内容与方法

a. 工程措施

按核查比例抽查典型,评估工程数量、质量。

对重要单位工程全面核查外观质量,其他单位工程核查主要分部工程外观质量,包括:规格尺寸、砌石工艺是否存在缺陷,是否存在因施工不规范和人为破坏等因素造成的破损、变形、裂缝、滑塌等。对关键部位几何尺寸常规采用目视检查和皮尺、测距仪测量,必要时采用 GPS 定位测量。综合上述现场勘查结果,结合监理的质量评定资料对工程措施质量等级进行评定。

b. 植物措施

按核查比例采用样方调查方法,全面核查植物措施生长状况(完成率、成活率和保存率)和植物措施实施面积,并对已实施的植物措施质量进行检查和评定。造林成活率与保存率采用标准地法,样方面积 30 m×30 m;种草出苗与生长情况采用 2 m×2 m 样方测定。

（2）资料查阅

评估组查阅有关水土保持方面的档案资料,主要包括水土保持方案及批复文件;工程可行性研究、初步设计和设计变更报告及批复文件;一期工程水土保持设施验收文件;建设用地文件、国家核准批复文件、水土保持监督检查文件等;工程竣工报告、竣工图纸、竣工初验证书、施工总结报告、质量评定资料、厂区绿化合同、竣工决算清单、监理和监测报告等。

（3）公众满意度调查

评估组采用发放调查问卷方式,征求厂区、贮灰场、供水管线、铁路专用线等区域周边的群众对拟验收项目的意见和看法。主要包括对水土流失防治成效、生态环境恢复、土地生产力恢复的满意度和对当地经济发展的影响几方面。

6.质量评定标准

单位工程质量等级评定标准详见表2-3。工程项目质量等级评定标准见表2-4。

表2-3　××火电厂二期扩建工程单位工程质量等级评定标准

合格	所含分部工程质量全部合格
	中间产品及原材料质量全部合格
	工程措施外观质量评定得分率≥70%
	施工质量检验资料基本齐全
优良	所含分部工程质量全部合格,其中50%以上达到优良,主要分部工程质量优良
	中间产品及原材料质量全部合格
	工程措施外观评定得分率≥85%
	施工质量检验资料齐全

表 2-4 ××火电厂二期扩建工程工程项目质量等级评定标准

评定等级	所含单位工程
合格	质量全部合格
优良	质量全部合格,50%以上的单位工程质量优良,且重要单位工程质量优良

项目与项目区概况及项目建设的水土流失问题

　　全面了解项目规模、特性和项目区自然与水土流失情况,掌握项目建设造成水土流失的因素与环节,是搞好技术评估工作的前提。应高度概括、突出重点地介绍与评估有关的内容,切忌照抄照搬方案报告书。

3.1　项目概况

3.1.1　项目地理位置

　　介绍项目在行政区划中所处位置(点式工程到乡级,线型工程说明起点、线路走向、途经县级单位名称、终点),附项目地理位置图。

3.1.2　项目规模与特性

　　用文字说明项目建设性质、规模、等级、设计标准、项目组成、总投资与土建投资等内容。对矿山类项目还应介绍矿田境界范围、资源与可采储量、开采年限、开采方式,首采区面积、可采储量、开采年限等;与原项目或其他项目有依托关系(包括利用原项目已征地面积和供水、供电、通信、道路、弃渣场及其他设施情况等)的应加以说明。

　　用工程特性表反映工程特性。工程特性表应反映项目与水土保持有关的全部内容。

例 3-1　某高速公路项目

　　新建××高速公路位于内蒙古自治区××市的××旗和××

市境内,起点为黑龙江省××县与内蒙古自治区××旗交界的金界壕,终止于博克图互通,全长 159.97 km;设计标准为双向 4 车道高速公路,行车速度 100 km/h,路基宽 26.0 m,对应分离式断面路基宽 13.0 m,桥梁与路同宽,隧道单洞宽 10.5 m。那吉屯南连接线长 14.12 km,按一级公路标准设计,行车速度 80 km/h,路基宽 24.5 m;扎兰屯连接线长 3.36 km,按二级公路标准设计,行车速度 80 km/h,路基宽 12.0 m。全线设大桥和特大桥 20 座、中桥 14 座、小桥 5 座、涵洞 157 道、隧道 1 座、互通 5 处、分离式立交 17 处、通道 11 个、服务区 4 个、收费站 1 处、取(弃)土场 11 个、施工生产生活区 130 处,施工便道 266.43 km;需建施工用电线路 50.6 km、通信线路 40.2 km;施工用水利用沿线地表水或就近打井解决。项目涉及主线、连接线、施工生产生活区(包括预制场、拌和场、施工营地)、取(弃)土场、施工便道和输电与通信线路,总占地 1 893.8 hm^2,其中永久占地 898.9 hm^2,临时占地 994.9 hm^2;挖填土石方总量 3 787.28 万 m^3,其中挖方 952.82 万 m^3,填方 2 824.46 万 m^3;总投资 ×× 亿元,其中土建投资 ×× 亿元;×× 年 ×× 月动工,×× 年 ×× 月完工,总工期 ×× 个月。工程特性见表 3-1。

表 3-1　　××高速公路工程特性表

总体概况	项目名称				
	建设单位				
	建设地点				
	工程性质				
	建设规模及技术指标	线路名称	长度(km)	行车速度(km/h)	路基宽度(m)	公路等级
		主线	159.97	100	26	高速公路
		那吉屯南连接线	14.12	80	24.50	一级公路
		扎兰屯连接线	3.36	80	12	二级公路
		小计	177.45			
	工程投资	总投资××亿元,其中土建工程投资××亿元				
	工程建设期	××年××月~××年××月,共××个月				

续表 3-1

名称		单位	数量			说明
			总数	主线	连接线	
线路		km	177.45	159.97	17.48	永久占地 821.11 hm²
桥梁涵洞	特大、大桥	座	20	17	3	桥梁总数为 39 座,总长度为 4 961 m,永久占地 15.24 hm²
	中桥	座	14	13	1	
	小桥	座	5	3	2	
	涵洞	座	157	146	11	面积列入线路中
立交	互通式立交	座	5	5	—	永久占地 52.12 hm²,面积列入线路中
	分离式立交	座	17	17	—	
	通道	道	11	9	2	
隧道		座	1	1	—	长 4 100 m,永久占地 0.832 hm²,面积列入线路中
服务区(养路工区)		个	4	4	—	永久占地 9.70 hm²
收费站		个	1	1	—	面积列入线路中
取(弃)土场		个	11	9	2	临时占地 556.41 hm²,取土后又用于弃土弃渣,不另设弃渣场
施工生产生活区	预制场	处	59	53	6	临时占地 60.67 hm²
	拌和场	处	10	8	2	临时占地 25.99 hm²
	施工营地	处	61	55	6	临时占地 44.54 hm²
施工力能	施工便道	km	266.43	240.03	26.40	宽 10 m,临时占地 266.43 hm²
	供电线路	km	50.6	45.8	4.8	供电线路、通信线路临时占地分别为 22.78 hm²、18.09 hm²,占地宽均为 4.5 m,从附近向阳峪、音河等乡镇接引
	通信线	km	40.2	36.4	3.8	
	砂石料来源		到具有开采许可证的砂、石料场集中购买,防治责任由卖方负责			
	施工用水		充分利用沿线地表水,不足部分在取得水行政许可后打井解决			
拆迁安置			搬迁 216 户 757 人,采取分散安置,货币补偿的方式,防治责任由当地政府负责			

项目组成

工程占地	总占地面积为 1 893.8 hm²,其中永久占地 898.9 hm²,临时占地 994.9 hm²
土石方量	土石方总量 3 787.28 万 m³,其中挖方量 952.82 万 m³,填方量 2 824.46 万 m³,利用方量 543.65 万 m³,借方量 2 280.81 万 m³,弃方量 409.17 万 m³

例 3-2 某矿井项目

××矿井位于内蒙古自治区鄂尔多斯市××旗××镇,井田面积 24.54 km²,地质储量 1 024.24 Mt,可采储量 742.61 Mt,设计年生产能力为 3.0 Mt,服务年限为 70 a;首采区储量 24.00 Mt,服务年限为 8 a。原煤由公路运输,需建运煤道路 5.2 km。疏干水用于井下消防和工业场地生产用水,多余疏干水和雨水排至工业场地外的天然沟道,需建场外排水管线 1 km。电源从久泰能源内蒙古有限公司化工厂 110 kV 变电所接引,需架设 110 kV 输电线路 8 km。矸石拟综合利用,临时排矸场紧临工业广场,需建运矸道路 150 m。项目涉及工业场地、场外道路(进场道路、运煤道路、运矸道路)、排水管线、输电线路、施工便道、临时排矸场等,占地 33.4 hm²,其中永久占地 30.4 hm²,临时占地 3 hm²;土石方总量 83.8 万 m³,其中挖方 41.9 万 m³,填方 41.9 万 m³;××年××月动工,××年××月首采工作面移交生产;总投资××亿元,其中土建工程投资××亿元。工程特性见表 3-2。

例 3-3 某矿井改扩建项目

××矿井改扩建工程地处山西省××县和××县境内,工业广场位于××县××乡,井田面积 229.5 km²,地质储量 3 128.9 Mt,可采储量 1 236.32 Mt,设计年生产能力 8 Mt,服务年限 105 a。原来的东二盘区面积 33.3 km²,服务年限 17.5 a;新建西二盘区 9.4 km²,服务年限 9 a。项目涉及风井场地、风井道路、场外输电线路、排矸场等。项目占地 15.61 hm²,其中永久占地 15.21 hm²,临时占地 0.40 hm²;移动土石方总量 51.66 万 m³,其中挖方 38.74 万 m³,填方 12.92 万 m³,弃方 25.72 万 m³;××年××月动工,××年××月完工,总工期××个月;总投资××亿元,其中土建投资××亿元;改扩建工程依托原工程矿井生产系统、生活区、供水、供电与通信系统、矿井场外道路、选煤排矸场和铁路专用线。工程特性见表 3-3。

表 3-2   ××矿井工程特性表

1	项目名称		
2	建设地点		
3	建设性质		
4	矿井生产能力		
5	开采境界		井田南北长约 5.85 km,东西宽约 5.85 km,面积 24.54 km²
6	井筒开拓计划		××年××月正式开工,建井工期××月,××年××月首采工作面移交生产
7	矿井服务年限		70 a
8	开拓方式		采用立井开拓方式
9	采区个数		3 个
10	采煤方法		综合机械采煤
11	工程占地		工程总占地面积 33.4 hm²,永久占地面积 30.4 hm²,临时占地面积 3 hm²
12	土石方		总量 83.8 万 m³,其中挖方 41.9 万 m³,填方 41.9 万 m³
13	排水		井下采用水泵抽水,场外采用地下管道排水至天然沟道内,全长 1 000 m,临时占地 2 hm²
14	供水	运行期	由伊金霍洛旗自来水公司负责设计建设,并入伊金霍洛旗自来水管网(本工程不包括此项内容)
		施工期	
15	通信	运行期	由伊金霍洛旗电信公司负责设计建设,接入阿镇通信线路网(本工程不包括此项内容)
		施工期	
16	输电线路	运行期	施工及生产用电引自久泰能源内蒙古有限公司化工厂 110 kV 变电所,新建输电线路 8 km,永久占地 0.1 hm²,临时占地 1 hm²,永临结合
		施工期	
17	工业场地		工业场地占地面积 17.98 hm²,全部为永久占地
18	场外道路	进场道路	长 50 m,占地面积 0.07 hm²,全部为永久占地,沥青混凝土路面
		运煤道路	长 5 200 m,占地面积 7.28 hm²,全部为永久占地,沥青混凝土路面
		运矸道路	长 450 m,占地面积 0.27 hm²,全部为永久占地,沙石路面
19	排矸场		距工业场地东北 150 m,占地面积 4.7 hm²,全部为永久占地
20	砂石料来源		砂石料来源均为外购,防治责任由开采商负责
21	拆迁安置		本方案服务期内无拆迁
22	建井工期		××年××月正式开工,建井工期 30 个月,××年××月首采区工作面移交生产
23	建设总投资		总投资××亿元,其中土建投资××亿元

表3-3 ××矿井改扩建工程特性表

项目名称	
项目法人	总投
规模	
建设总投资	××亿元,其中土建投资××亿元
建设工期	××年××月动工,××年××月完工,总工期××个月
项目	内容
主体工程	改扩建工程主要集中在地下采掘系统改造,新建西二盘区。西二盘区面积9.4 km²,服务年限9 a,生产能力为4.0 Mt/a。地面设施仅新增三水沟风井场地,布置三水沟进、回风立井,承担井田西区井下排矸、通风
新建工程	供热	三水沟风井场地新建热风炉房,占地面积1 288 m²,用于井筒防冻和为工业场地提供热水
	供电	三水沟风井场地新建1座35/6 kV变电所,占地面积470 m²;2回35 kV线路引自110 kV变电站,线路长3.0 km
	供水	新增三水沟风井场地井下水泵房和日用消防水泵房1座,生活用水在工业场地内打深井取水,工业用水取自处理后的井下排水,无场外供水管道
	排水	三水沟风井场地处理后未利用生活污水经总管道排入三水沟
	排矸场	新建三水沟排矸场
	运输工程	新建一条三水沟风井道路,连接三水沟风井场地与矿井工业场地,总长3.2 km,主要用来承担风井场地与工业场地间的物资和人员输送

续表 3-3

改扩建工程依托现有矿井设施	生产系统	改扩建后新增煤炭由原西斜井提升至地面,经带式输送机运往现有选煤厂进行洗选加工
	排矸系统	改扩建新增洗选矸石继续排往现有选煤厂排矸场堆存
	生活区	生活区依托现有居住区
	供水、供电、通信系统	矿井主工业场地现有供水、供电与通信系统满足改扩建施工与生产需要,不需要新增
	道路	利用原有矿井场外道路五条,分别为东风井进场道路、变电所进场道路、西风井进场道路、胡家掌风井道路、选煤厂排矸道路
	铁路	矿井和选煤厂装车站在侯月铁路嘉峰站接轨,专用线及装车站均已建成,并具备 8.0 Mt/a 的外运能力,改扩建工程不变
项目占地		15.61 hm², 其中永久占地 15.21 hm², 临时占地 0.40 hm²
土石方量		51.66 万 m³, 其中挖方 38.74 万 m³, 填方 12.92 万 m³, 弃方 25.82 万 m³
建筑用砂石料		外购,防治责任由供方负责
拆迁安置		无

3.1.3 项目实施单位

用文字或列表说明项目建设单位、设计单位、施工单位、监理单位、监测单位,表式见表3-4。

表 3-4　××火电厂二期扩建工程实施单位一览表

序号	工作性质		承担任务	单位名称
1	建设单位		建设生产管理	××发电有限责任公司
2	工程设计单位		厂区设计	河南省电力勘测设计院
			铁路专用线设计	河南省铁路勘测设计责任公司
3	水土保持方案编制单位		水土保持方案设计	黄河勘测规划设计有限公司
4	工程监理单位		厂区施工监理	河南省电力建设监理有限公司
			铁路专用线施工监理	郑州中原铁道建设工程监理有限公司
			绿化工程监理单位	河南省立新电力建设监理有限公司
5	水土保持监测单位			河南省水土保持监督监测总站
6	工程质量检测单位		土建工程	河南省豫电土建工程质量检测中心
7	主要施工单位	厂区	A 标段	主厂房建筑3 号机组安装工程	天津电力建设公司
			B 标段	3 号机组安装工程	河南第二火电建设公司
				燃料、除灰、化学、厂区附属土建安装工程及220 kV 配电装置改造	河南省第二建筑公司
			C 标段	冷却塔、烟囱、中水处理、500 kV 升压站	东北电业局烟塔公司
			土建	厂平、围墙、护坡、进厂道路	河南四建股份有限公司
		贮灰场区		灰坝加高,修平台排水沟	禹州市通达实业发展有限公司
		铁路专用线		铁路专用线轨道铺设、涵洞、排水、边坡植草防护	河南省铁路建设有限公司
		绿化施工单位		厂区绿化(含运煤道路)	河南农大山水园林工程有限公司
				施工区(预留地)绿化	禹州市通达实业发展有限公司
				铁路专用线护坡绿化	河南省铁路建设有限公司
				贮灰场坝坡绿化	禹州市通达实业发展有限公司

3.2 项目区概况

主要介绍项目所在地在全国土壤侵蚀类型区划中所处的类型区、地形地貌、气候类型和主要气象要素、主要土类、植被类型与林草覆盖率、水土流失类型、土壤侵蚀模数、土壤容许流失量,在全国或省级水土流失重点防治区公告中所处的区域名称。

例3-4 某高速公路项目

××高速公路工程地处东北黑土区的大兴安岭向松嫩平原的过渡地带,地貌类型为中低山和漫岗丘陵;属中温带半湿润季风气候,年平均气温1.74~3.2 ℃、≥10 ℃积温2 480~2 500 ℃、年降水量476.9~505.2 mm、年平均风速2.3~2.8 m/s、最大风速20.7~24 m/s、最大冻土深度2.11~2.13 m;土壤主要为黑土和暗棕壤;植被由森林向草甸演替,林草覆盖率50%~80%;水土流失类型为轻度水力侵蚀,漫岗丘陵区土壤侵蚀模数600 t/(km² · a),中低山区300 t/(km² · a),土壤容许流失量200 t/(km² · a),为国家公告的大兴安岭水土流失重点预防保护区。

3.3 项目建设水土流失问题

3.3.1 工程建设造成水土流失的因素分析

可根据项目所处水土流失类型区,针对工程建设、生产特点,按项目组成,分时段列表说明各组成部分造成新增水土流失因素、侵蚀类型、形式,绘制产生水土流失框图。

例3-5 某高速公路项目

××高速公路穿越黄土高塬沟壑区和黄土丘陵沟壑区,区内沟深坡陡,沟壑密度大;土质疏松,抗蚀性差;植被稀少,覆盖率低;降水集中,且多暴雨;水土流失严重,生态环境脆弱。高速公路建设加剧了水土流失。影响水土流失因素见表3-5,产生水土流失过程见图3-1。

表 3-5　　××高速公路建设影响水土流失因素分析表

时段划分	项目组成	造成新增水土流失因素	侵蚀形式
施工期	线路工程	路基开挖、回填,桥梁基础施工,建筑物基础开挖,临时堆土堆料,土石方移动	面蚀、细沟侵蚀、崩塌、泻溜、滑坡
	弃渣场	弃渣堆放、施工扰动、表土剥离与堆放	面蚀、沟蚀、崩塌、泥石流
	取土场	表土剥离与堆放,土方开挖运输	面蚀、沟蚀、崩塌、滑坡、泻溜
	生产生活区	场地平整,建筑材料堆放,临时建筑物基础开挖	面蚀、细沟侵蚀
自然恢复期	线路工程边坡、弃渣场、取土场、施工生产生活区	植被与土壤结构尚未恢复,仍产生较原地貌严重的水土流失	面蚀、细沟侵蚀

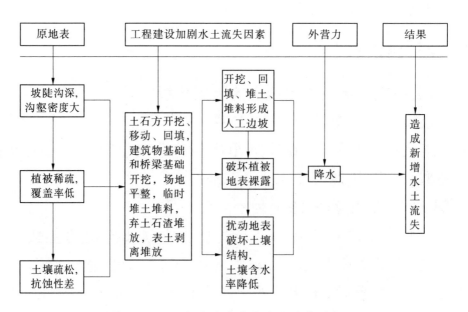

图 3-1　　××高速公路产生水土流失过程图

3.3.2　可能造成水土流失的影响及危害

分析按生产建设项目正常设计进行,无新增水土保持措施条件下,项目建设、生产过程中可能造成水土流失影响及危害。可直接引用"水土保持方案"中关于水土流失危害的预测内容,也可从以下几方面进行分析。

（1）对土地资源和生产力可能造成的影响分析。

（2）对河流行洪、防洪的影响分析。

（3）对可能形成泥石流危害性的分析。

（4）对可能出现的地面沉陷和危害的分析。

（5）对可能形成大型滑坡和崩塌的危险性分析。

（6）对周边环境可能造成的影响分析。

（7）对地下水位下降的影响分析。

（8）对洪涝灾害的影响分析。

水土保持方案和设计情况

本章主要介绍水土保持方案编报和工程设计过程，水土保持方案和设计确定的水土流失防治责任范围和防治分区、防治目标、防治措施体系及各类措施数量、水土保持投资，作为技术评估的依据。

4.1 水土保持方案编制报批和工程设计过程

4.1.1 方案编制、审查、批复过程

简述水土保持方案的委托—编制—送审—审查—报批—批复的过程。

4.1.2 后续设计开展情况

说明何时由何单位编制完成初步设计，是否独立成册或在主体设计中列有专章；何时完成施工图设计。

分析水土保持初步设计是否全面落实有关水行政主管部门审批的水土保持方案，是否满足水土保持标准的要求。

4.1.3 设计变更

介绍水土保持方案实施过程中设计变更内容，说明变更原因、是否按规定程序报批。

设计变更应介绍水土保持措施和工程量变化情况。对方案确定的取土（石、料）场和砂、石、矸石、尾矿、废渣专门存放场地发生变更的，应说明变更后的位置、规模、设计标准、防治措施和工程量的变化情况。

水土保持方案实施过程中水土保持措施发生下列重大变化之一的,生产建设单位应当自确知需要变更之日起 30 个工作日内报经原审批机关批准。

（1）植物措施总面积变化超过 40% 的;

（2）工程措施工程量变化超过 30% 的;

（3）取土量在 5×10^4 m^3 以上,取土场位置发生变化的。

水土保持方案确定的砂、石、土、矸石、尾矿、废渣专门存放地位置发生变更的,应当报经原审批机关批准。其中,排弃量不足 5×10^4 m^3 的,由所在地县级人民政府水行政主管部门批准。

例 4-1　某火电厂二期扩建项目

××年××月××日,××发电有限责任公司以××发电〔2009〕26 号文,向中国××电力集团公司××省分公司申请××发电厂二期扩建工程水土保持方案设计变更。主要内容有:贮灰场防治区取消石膏库的有关防治设施,增加贮灰坝平台排水沟和子坝坝坡植草防护;厂外供水管线防治区取消取水首部排洪沟、绿化措施,减少复耕面积 5.98 hm^2。

变更原因是:按照国家节能减排的要求,××发电有限责任公司承诺脱硫石膏全部综合利用,取消石膏库;目前该发电厂外排的脱硫石膏利用率达 100%。改从水库引水为从一期供水站引出一条 DN400 供水管供水,用取水阀井代替取水首部。

经××电力集团××省分公司核实,××年××月××日以工程〔2009〕18 号文对该电厂的水土保持设计变更予以批复,同意设计变更,并报原审批机关备案。

4.2　水土保持设计情况

4.2.1　防治责任范围和防治分区

4.2.1.1　防治责任范围

用文字说明设计文件确定的水土流失防治责任范围××hm^2,

其中项目建设区××hm²、直接影响区××hm²,并按项目组成,分项目建设区、直接影响区、地类列表说明,跨行政区的应将防治责任范围分省落实到县。表式见表4-1、表4-2。

4.2.1.2　防治分区

用文字说明项目划分为××、××、××……防治分区。列出防治分区表,表式见表4-3。

表4-1　××矿井及选煤厂工程水土流失防治责任范围表　　（单位:hm²）

序号	项目组成		项目建设区	直接影响区	小计	占地类型
1	工业场地	矿井工业场地	17.70	2.65	20.35	草地
		风井工业场地	0.50	0.10	0.60	草地
2	场外道路	风井道路	0.22	0.07	0.29	草地
		排矸道路	16.52	4.57	21.09	草地
3	铁路专用线	装车站	5.20	1.32	6.52	草地
		专用线	18.70	1.93	20.63	草地
		接轨站	4.75	1.19	5.94	草地
		施工便道	5.21	1.93	7.14	草地
4	场外输电线路	110 kV 变电站至工业场地	4.88	5.37	10.25	草地
		施工临时用电	0.15	0.17	0.32	草地
5	场外供排水管线	黑赖沟至工业场地供水管线	5.81	3.06	8.87	草地
		排水管线	0.34	0.18	0.52	草地
6	排矸场		20.20	2.53	22.73	草地
7	采空沉陷区			778.50	778.50	草地
合计			100.18	803.57	903.75	

表 4-2　××输气管道工程水土流失防治责任范围表

（单位：hm²）

项目组成	地类	一期 A市 开发区	一期 A市 金州区	一期 A市 普兰区	一期 A市 瓦房店	一期 B市 盖州	一期 B市 大石桥	一期 C市 海城	一期 D市 辽阳县	一期 D市 灯塔	一期 E市 苏家屯区	一期 小计	二期 E市 苏家屯区	二期 E市 东陵区	二期 F市 李石开发区	二期 小计	合计
码头	海域	225.00										225.00					225.00
接收站区	林地	0.81										0.81					0.81
	草地	8.45										8.45					8.45
	海域	15.24										15.24					15.24
	市区	31.50	21.00									52.50					52.50
陆地管道区	鱼塘						10.00	4.00				14.00					14.00
	大棚		4.00			4.00	8.00	10.00	2.00	6.00	8.00	42.00	2.61	4.89	1.50	9.00	51.00
	林地	8.93	23.51	39.03	84.05	4.00	10.00	10.00	8.00	3.00	3.00	193.52	2.61	4.89	0.75	8.25	201.77
	果园	2.00	6.00	8.00	10.00	118.00	20.00	18.00	6.00	4.00	2.00	194.00	3.65	6.85	1.50	12.00	206.00
	水田			8.00						6.00	16.00	30.00	12.97			12.97	42.97
	旱地	29.03	48.26	49.72	17.33	12.27	23.18	32.95	57.44	31.38	9.46	311.02	3.03	22.80	4.96	30.79	341.81
	草地	10.36	15.92	19.24	12.14	2.92	5.60	8.20	14.20	7.80	2.20	98.58		5.67	1.05	6.72	105.30
合计		331.32	118.69	123.99	123.52	141.19	76.78	83.15	87.64	58.18	40.66	1185.12	24.87	45.10	9.76	79.73	1264.85

表 4-3　　××输气管道项目水土流失防治分区表

一级防治分区	二级防治分区	三级防治分区	水土流失特点
码头防治区	护岸区		水力侵蚀为主
接收站防治区	工艺区		工程建设以"点"为表现形式,水土流失主要形式为面蚀,形式单一,影响范围较小
	辅助生产区		
	公用工程区		
陆地管道防治区	管道作业带区	丘陵区管道作业带区	工程建设以"线"为表现形式,水土流失影响表现为"带"状,影响范围大。由于地貌的变化,导致施工工艺发生变化,水土流失形式表现为多样性,面蚀、沟蚀、坍塌等形式的水土流失并存
		平原区管道作业带区	
	临时施工道路区		
	穿越工程区	河流穿越区	
		公路穿越区	
		铁路穿越区	
	分输站场区		工程建设以"点"为表现形式,水土流失主要形式为面蚀,形式单一,影响范围较小
	永久弃渣场区		
	临时堆土场区		

4.2.2　水土流失防治目标

　　用文字说明项目设计水平年的六项综合目标值,用表格反映各防治分区的目标值。表式见表 4-4。

表 4-4　　××火电厂二期扩建工程设计水平年水土流失防治目标

防治指标名称	厂区	施工生产生活区	供排水管线区	厂外道路区	铁路专用线区	贮灰场区	综合指标
扰动土地整治率(%)	97	94	97	95	96	92	95
水土流失总治理度(%)	97	93	99	97	94	93	96
土壤流失控制比	1.1	1.0	1.0	0.9	1.0	0.9	1.0
拦渣率(%)	98	95	97	94	94	95	96
林草植被恢复率(%)	99	99	99	99	99	98	99
林草覆盖率(%)	25	22		20	18	18	21

4.2.3 防治 措施体系及措施工程量
4.2.3.1 防治措施体系
用文字说明项目设计采用的各类水土流失防治措施,用框图反映防治措施体系。

例4-2 某港口码头项目

该项目设计采用了工程措施、植物措施、临时防治措施。

工程措施有:围堰、场地整治、排水沟、护坡、表土剥离与利用;

植物措施有:植树、种草、行道树、绿化;

临时措施有:挡土墙、排水沟、种草、苫盖、沉淀池。

本着"因地制宜、因害设防、科学配置、注重效益"的原则,形成综合防治措施体系,见图4-1。

4.2.3.2 防治措施工程量
用文字说明项目总工程量,列表反映各防治分区工程量,表式见表4-5。

4.2.4 水土保持投资
用文字说明水土保持总投资××万元,其中工程措施、植物措施、临时措施、独立费用、基本预备费、水土保持补偿费各××万元。详细用水土保持方案及设计文件的水土保持投资估(概)算总表反映。表式见表4-6。

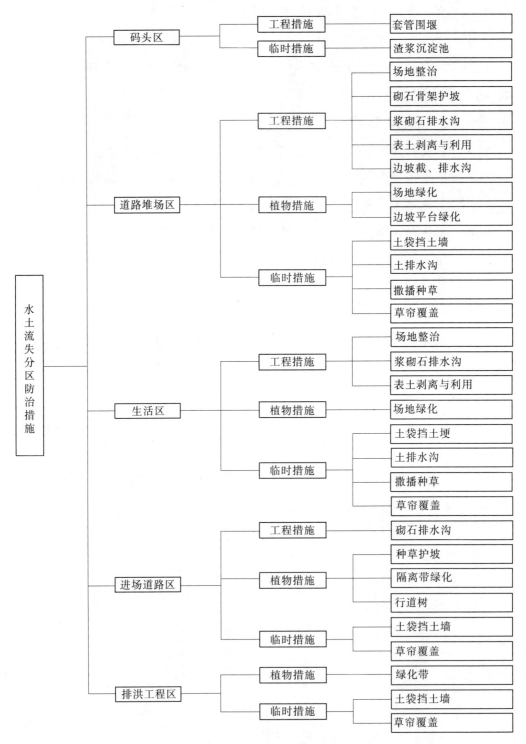

图4-1 ××港口码头工程水土流失防治措施体系框图

表4-5 防治措施工程量表

措施类型	措施名称	单位	数量
××防治区			
工程措施	浆砌石排水沟	m	
植物措施	乔木林	株	
临时措施	草袋装土临时拦挡	m	
××防治区			
工程措施			
植物措施			
临时措施			
合计			
工程措施			
植物措施			
临时措施			

注:防治措施工程量用各类防治措施数量反映,如浆砌石排水沟长500 m。

表 4-6　水土保持投资估(概)算总表　　　　　　(单位:万元)

序号	措施或费用名称	数量
1	第一部分　工程措施	
1.1	××防治区	
2	第二部分　植物措施	
2.1	××防治区	
3	第三部分　临时措施	
3.1	临时防护措施	
3.2	其他防护措施	
4	第四部分　独立费用	
4.1	建设单位管理费	
4.2	水土保持监测费	
4.3	工程监理费	
4.4	科研勘测设计费	
4.5	技术评估及验收费	
	第一至第四部分合计	
5	基本预备费	
6	静态总投资	
7	水土保持补偿费	
8	水土保持工程总投资	

水土保持设施建设情况评估

水土保持设施建设情况评估,就是评价水土流失防治责任范围、防治措施体系布局和各项水土保持设施是否按批准的水土保持方案及其设计文件执行和完成。

5.1 水土流失防治责任范围

5.1.1 实际发生的防治责任范围

实际发生的防治责任范围是指水土保持监测和评估调查认定的防治责任范围。用文字说明项目的防治责任范围面积为××hm²,其中项目建设区××hm²,直接影响区××hm²;列表反映各防治分区的防治责任范围。

5.1.2 运行期防治责任范围

说明运行期水土流失防治责任范围、面积、已治理和待治理面积。运行期水土流失防治责任范围是指项目永久占地的区域。

5.1.3 评估意见

将实际发生的防治责任范围与批复方案确定的防治责任范围进行对比分析,列表反映增减情况,说明变化原因,确定符合实际的防治责任范围,作为本次评估的依据。

例5-1 某火电厂二期扩建项目

1. 实际发生的水土流失防治责任范围

根据水土保持监测报告以及评估组现场调查和资料统计,本扩建工程实际发生的水土流失防治责任范围为157.32 hm²,其中项目建设区 146.69 hm²，直接影响区 10.63 hm²，水土流失防治责任范围详见表5-1。

表5-1　　××火电厂二期扩建工程实际发生的水土流失防治责任范围　（单位:hm²)

项目组成		项目建设区			直接影响区	防治责任范围
		永久占地	临时占地	小计		
厂区		32.20		32.20	0	32.20
厂外道路		2.28		2.28	0.32	2.60
铁路专用线		3.05		3.05	0.97	4.02
贮灰场区		30.28		30.28	1.50	31.78
施工生产生活区			20.00	20.00	0	20.00
厂外供水管线区	取水阀井	0.06		0.06	0	0.06
	白沙水库供水管线		32.12	32.12	4.28	36.40
	中水管线		26.70	26.70	3.56	30.26
合计		67.87	78.82	146.69	10.63	157.32

2. 运行期水土流失防治责任范围

运行期该项目的水土流失防治责任范围包括厂区、施工生产生活区(原为临时占地,后改为三期预留地)、铁路专用线、厂外道路、贮灰场和厂外供水管线防治区的取水阀井等永久占地,面积为87.87 hm²,除贮灰场灰渣堆放区外,均已治理。

厂外供水管线临时占地及项目直接影响区的水土流失防治任务已完成,移交当地使用。

3. 评估意见

本次验收评估的水土流失防治责任范围为 157.32 hm²,较批复方案确定的水土流失防治责任范围 163.77 hm² 减少 6.45 hm²,水土流失防治责任范围变化情况详见表5-2。

表5-2 ××火电厂二期扩建工程防治责任范围分析表 （单位:hm²）

区域分类	项目组成		方案批复	实际发生	增减变化
项目建设区	厂区		31.40	32.20	0.80
	厂外道路		1.10	2.28	1.18
	铁路专用线		5.99	3.05	−2.94
	贮灰场区		30.28	30.28	0
	施工生产生活区		32.00	20.00	−12.00
	厂外供水管线区	取水阀井	1.00	0.06	−0.94
		白沙水库取水	17.60	32.12	14.52
		中水管线	31.74	26.70	−5.04
	小计		151.11	146.69	−4.42
直接影响区	厂区		0	0	0
	厂外道路		0.38	0.32	−0.06
	铁路专用线		2.50	0.97	−1.53
	贮灰场区		2.22	1.50	−0.72
	施工生产生活区		0.16	0	−0.16
	厂外供水管线区	取水阀井	0	0	0
		白沙水库取水	4.40	4.28	−0.12
		中水管线	3.00	3.56	0.56
	小计		12.66	10.63	−2.03
合计			163.77	157.32	−6.45

水土流失防治责任范围变化原因如下：

1）厂区防治区

项目建设区占地增加了0.8 hm²，是因为二期厂区西侧征地界向外扩大。

2）厂外道路防治区

项目建设区占地面积增加了1.18 hm²，主要原因：一是2号运煤道路加宽 9 m,并由厂区西北角新增设的 2 号大门新增一段路面宽为 9 m 的线路至原运煤道路;二是增加两侧的排水沟和绿化占地面积。

3)铁路专用线防治区

项目建设区占地面积少了 2.94 hm²,原因是接入线位置变化,铁路专用线长度减少 0.87 km。

4)施工生产生活区

项目建设区占地面积少了 12.00 hm²,原因是采取统一规划、合理布局、动态调配、节约土地、合理组织施工等措施,减少了施工用地。

5)厂外供水管线区

项目建设区占地面积增加 8.54 hm²,主要原因:一是根据电厂运行情况,用取水阀井代替了取水首部,减少了占地 0.94 hm²;二是中水供水管线长度增加,但管线由两根改为一根,临时征占地宽度减少,减少占地 5.04 hm²;三是白沙水库供水管线管径增大,临时征占地宽度增加,增加占地 14.52 hm²。

6)直接影响区

经评估组查阅施工、监理及监测报告并实地调查核实,直接影响区较方案减少了 2.03 hm²。

经综合分析后认为,实际发生的水土流失防治责任范围可作为本次验收评估的依据。

5.2　水土保持措施总体布局评估

5.2.1　防治分区

如果项目实施中采用了方案确定的防治分区,说明防治分区按方案确定的分区执行。如果防治分区发生变更,说明实际采用的防治分区为××、××、××……并按防治分区、面积、占地类型列表说明。

5.2.2　水土保持措施总体布局

如果工程建设中按方案确定的防治体系布设各项水土保持措

施,说明防治措施体系布设与方案确定的防治体系一致。如有变动,应列出实际布设的防治措施体系,说明变化原因。

5.2.3　评估意见

评估实际采用的防治分区划分是否合理,防治措施选择是否得当,防治措施体系布设是否体现"因地制宜、因害设防、科学配置、综合防治"的原则。

例 5-2　某火电厂二期扩建项目

1. 防治分区

在水土流失防治中,实际采用的防治分区有 6 个,分别为厂区防治区、厂外道路防治区、铁路专用线防治区、施工生产生活区防治区、厂外供水管线防治区(含取水阀井)和贮灰场区防治区,详见表 5-3。

表 5-3　　××火电厂二期扩建工程水土流失防治分区表

序号	防治分区	占地面积(hm²)	占地类型
1	厂区	32.20	耕地、草地、其他用地
2	厂外道路	2.28	耕地
3	铁路专用线	3.05	耕地
4	施工生产生活区	20.00	耕地
5	贮灰场区	30.28	耕地、林地
6	厂外供水管线区	58.88	耕地、其他用地
	合计	146.69	

2. 水土保持防治措施体系

由于设计变更,贮灰场防治区取消了石膏库的有关防治措施,增加了贮灰坝平台排水沟和子坝坝坡植草防护;厂外供水管线防治区取消了取水首部排洪沟和绿化措施;由于施工生产生活区由临时占地变为三期工程预留地,增加了道路两侧砖砌砂浆排水沟、围墙内侧浆砌石排洪沟,变复耕为场地绿化。防治措施体系布设见图 5-1。

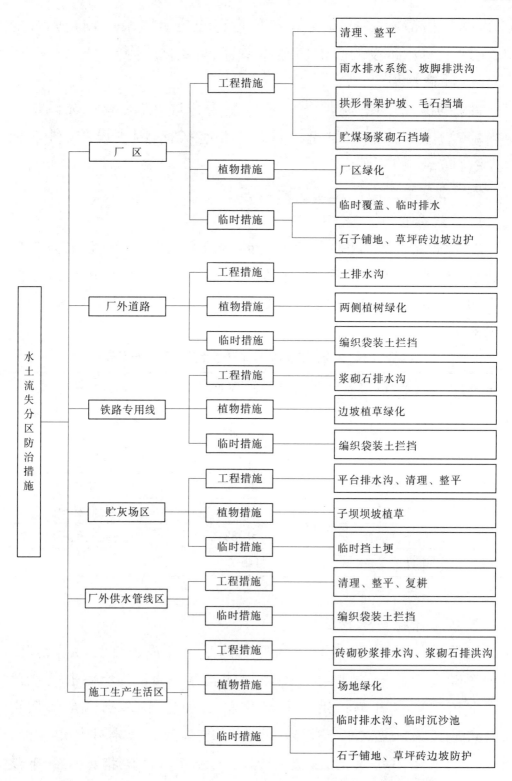

图 5-1　××火电厂二期扩建工程水土流失防治措施体系框图

3. 评估意见

通过现场调查,评估组认为:水土流失防治分区划分合理,防治措施选择得当,防治措施体系布设体现了"因地制宜、因害设防、科学配置、优化布局、综合防治、注重实效"的原则。既注重各防治分区内部的科学性,又关注了区间的联系性、系统性。

5.3　各类水土保持设施完成数量评估

5.3.1　工程措施

工程措施建设情况评估分三个步骤进行:一是给出自查初验完成的工程数量;二是介绍评估抽查结果,明确评估抽查占自查初验的比例;三是综合分析自查初验完成的工程数量和评估抽查结果,合理确定各项措施完成的数量,并与设计工程量进行对照,说明增减情况和变化原因。

例5-3　某火电厂二期扩建项目

1. 自查初验完成的工程量

自查初验项目共完成土地平整32.20 hm^2、复耕51.76 hm^2、浆砌块石骨架护坡16 500 m^2、挡墙1 012 m、雨水排水系统5.40 km、各类排水(洪)沟10 880 m,详见表5-4。

表5-4　××火电厂二期扩建工程自查初验水土保持工程措施完成情况表

防治分区	措施名称		单位	完成的工程量
厂区		厂区平整	hm^2	32.20
	排水工程	雨水排水系统	km	5.40
		护坡坡脚排洪沟	m	870
	边坡防护工程	浆砌块石骨架	m^2	16 500
		毛石挡墙	m	668
	拦挡工程	贮煤场挡墙	m	344
施工生产生活区	排水工程	砖砌排水沟	m	4 300
		毛石排洪沟	m	1 100
铁路专用线	排水沟	方庄车站浆砌石排水沟	m	1 700
厂外道路	排水沟	路基两侧土排水沟	m	2 800
厂外供水管线区		复耕	hm^2	51.76
贮灰场区	排水沟	平台浆砌石排水沟	m	110

2.评估抽查结果

评估组抽查了6处4项措施,结果见表5-5。

表5-5 ××火电厂二期扩建工程水土保持工程措施评估抽查表

措施名称	抽查位置	抽查内容	抽查比例(%)	评估核查量	自查初验量	评估占初验比例(%)
挡墙	贮煤场西侧	长度	50	172 m	172 m	100
排水沟	升压站东侧坡脚	长度	30	262 m	262 m	100
排水沟	贮灰场区灰坝平台	长度、断面尺寸	60	长度66 m,断面尺寸:0.4 m×0.4 m	长度66 m,断面尺寸:0.4 m×0.4 m	100
复耕	厂外供水管线区	占地宽度、长度	50	占地宽度15 m,长度8.9 km	占地宽度15 m,长度8.9 km	100
排水沟	运煤道路两侧	长度、断面尺寸	100	长度2 800 m,断面尺寸:底宽50 cm,边坡比1:1	长度2 800 m,断面尺寸:底宽50 cm,边坡比1:1	100
场地平整	厂区主厂房南侧,施工生产生活区	面积	36	7.2 hm²	7.2 hm²	100

3.评估意见

由表5-5可见,评估核查占自查初验的比例均为100%,说明自查初验完成情况属实,可作为水土保持工程措施完成量。

水土保持工程措施设计与实际完成情况对比分析见表5-6。

表5-6　××火电厂二期扩建工程水土保持工程措施设计与完成情况对照表

防治分区	措施名称		单位	设计工程量	实际完成的工程量
厂区	厂区平整		hm²	31.40	32.20
	排水工程	雨水排水系统	km	3.77	5.40
		护坡坡脚排洪沟	m		870
	边坡防护工程	浆砌块石骨架	m²	15 000	16 500
		毛石挡墙	m	200	668
	拦挡工程	贮煤场挡墙	m	120	344
施工生产生活区	排水工程	砖砌排水沟	m		4 300
		浆砌石排洪沟	m		1 100
铁路专用线	排水工程	路基两侧浆砌石排水沟	km	3.254	
	排水工程	方庄车站浆砌石排水沟	m		1 700
厂外道路	排水工程	浆砌石排水沟	m	2 400	
		土排水沟	m		2 800
厂外供水管线区	排水工程	排洪沟	m	560	
	平整、复耕		hm²	57.74	51.76
贮灰场区	排水工程	灰坝平台浆砌石排水沟	m		110
	拦挡工程	石膏坝	m	130	

从表5-6可见,该项目各防治分区工程措施的设计量与实际完成的数量均不相同,其变化原因如下。

1)厂区

由于厂区西侧征地外扩,土地平整面积增加了0.8 hm²;根据需要,毛石挡墙增加了468 m,雨水排水系统增加了1.63 km,浆砌块石骨架防护增加了1 500 m²,贮煤场挡墙增加了224 m;增加护坡坡脚排洪沟870 m。

2)施工生产生活区

该区作为电厂三期预留地,取消了复耕措施,增加了道路两侧砖砌砂浆排水沟 4 300 m、围墙内侧浆砌石排洪沟 1 100 m。

　　3)铁路专用线区

　　铁路路基两侧紧临农田,已埋设了涵管,故没实施浆砌石排水沟;方庄站增加了浆砌石排水沟 1 700 m 的原因是站内线路改造损坏了部分排水沟。

　　4)厂外道路区

　　将原设计的浆砌石排水沟改为土排水沟,并增加了 400 m。

　　5)厂外供水管线区

　　由于设计变更(已报批)不再设排洪沟;管线长度调整,复耕面积减少 5.98 hm^2。

　　6)贮灰场区

　　由于石膏全部综合利用,经报批取消石膏坝及相应措施;根据需要增加了灰坝平台浆砌石排水沟 110 m。

5.3.2　植物措施

5.3.2.1　自查初验完成的措施数量

　　根据自查初验或竣工资料,说明项目植物措施总体完成情况,列表反映各防治分区完成的工程量。

5.3.2.2　评估抽查结果

　　说明评估抽查位置、比例,列表给出评估抽查结果。

5.3.2.3　评估意见

　　综合分析自查初验完成情况和评估抽查结果,合理确定各类植物措施完成的数量与面积,并与设计量进行对比,说明增减情况和变化原因。

　　例5-4　某火电厂二期扩建项目

　　1. 自查初验完成的植物措施工程量

　　自查初验项目共栽植乔木 10 148 株、灌木 9 488 株、植物色带 6 632 m^2、铺草坪 195 000 m^2,共计完成植物措施面积 267 900 m^2。分区完成情况见表 5-7。

表5-7　××火电厂二期扩建工程自查初验分区植物措施完成情况

防治分区	分部工程	位置	植物类型	单位	数量	总面积（m²）	措施面积（m²）
厂区	点片状	主厂房区	乔木	株	322	56 468	11 196
			灌木	株	2 300		
			植物色带	m²	2 438		
			草坪	m²	4 190		
		500 kV升压站区	植物色带	m²	2 177	53 700	13 145
			草坪	m²	10 968		
		化学水处理车间区	草坪	m²	2 593	70 364	2 593
		铁路区	乔木	株	2 072	22 258	8 729
			灌木	株	1 796		
		冷却塔区	乔木	株	221	70 799	42 945
			灌木	株	1 117		
			植物色带	m²	2 017		
			草坪	m²	40 928		
		贮煤、除灰渣设施区	灌木	株	4 275	48 411	6 412
厂外道路区	线网状	运煤道路	乔木	株	860	22 800	2 091
铁路专用线区	线网状	路基边坡	草坪	m²	2 091	22 800	2 091
施工生产生活区	点片状	空地	乔木	株	6 673	200 000	145 078
			草坪	m²	105 500		
贮灰场区	点片状	坝坡	草坪	m²	28 700	302 800	28 700

2.评估调查结果

评估组在5个防治区抽查了7处,其中乔木2处、灌木1处、植物色带 1 处、草坪 3 处。抽查比例 30% ~ 50%,抽查结果见表 5-8。

表 5-8　　××火电厂二期扩建工程植物措施评估调查

植物种类	抽查位置	抽查比例（%）	单位	评估抽查量	自查初验量	评估占初验（%）
乔木	主厂房	50	株	162	161	100.6
植物色带	冷却塔	30	m²	670	672	99.7
灌木	主厂房	50	株	1 161	1 150	100.9
乔木	厂外道路	30	株	253	258	98.0
草坪	施工生产生活区	30	m²	35 100	35 166	99.8
草坪	铁路专用线	30	m²	690	697	99.0
草坪	贮灰场坝坡	30	m²	9 462	9 567	98.9

3. 评估意见

由表 5-8 可见,各防治分区植物措施评估抽查量占自查初验量的 98.0% ~ 100.9%,在允许误差范围内,说明自查初验结果是可靠的,可作为植物措施完成的工程量。植物措施方案设计量与实际完成数量比较见表 5-9。

表 5-9　　××火电厂二期扩建工程植物措施设计与实际完成情况对比

防治分区		方案设计数量				实际完成数量				
		乔木（株）	灌木（株）	种草（hm²）	面积（hm²）	乔木（株）	灌木（株）	种草（hm²）	植物色带（hm²）	面积（hm²）
厂区		5 180	3 100	3.20	7.99	2 615	9 488	5.87	0.66	8.59
场外道路	路边绿化	860			0.21	860				0.21
铁路专用线	边坡绿化			0.61	0.61			0.21		0.61

续表 5-9

防治分区		方案设计数量				实际完成数量				
		乔木（株）	灌木（株）	种草（hm²）	面积（hm²）	乔木（株）	灌木（株）	种草（hm²）	植物色带（hm²）	面积（hm²）
施工生产生活区	撒播草籽			32.00	32.00					
	草坪							10.55		10.55
	栽植乔木	3 690			2.18	6 673				3.96
厂外供水管线区	取水首部绿化	305			0.39					
贮灰场区	坝坡绿化			0.42	0.42			2.87		2.87
合计		10 035	3 100	36.23	43.80	10 148	9 488	19.50	0.66	26.79

由表 5-9 可见,厂区植物措施面积增加了 0.6 hm²,是由于厂区外扩造成的;施工生产生活区的植物措施面积由 34.18 hm² 减少到 14.51 hm²,原因是施工生产生活区作为三期预留地,增加了道路及硬化面积;厂外供水管线防治区,方案设计取水首部绿化 0.39 hm²,由于设计变更,用取水阀井代替了取水首部,没有实施;贮灰场防治区种草面积由 0.42 hm² 增加到 2.87 hm² 的原因,是经报批石膏坝取消,由石膏坝坝坡种草改为灰坝子坝坝坡种草。

5.3.3　临时防护措施

考虑临时防护措施竣工验收评估时已不存在,主要根据水土保持监测、工程监理、水土保持档案和有关影像资料进行评估。

应按防治分区、措施名称、工程量列表说明,表式见表 5-10。

表 5-10 ××火电厂二期扩建工程临时防治措施完成工程量

防治分区	措施名称		单位	工程量
厂区	基坑彩条布临时覆盖		m²	3 000
	临时排水沟	长度	m	1 900
		砖砌	m³	475
	石子铺地		m²	2 100
	草坪砖边坡防护		m²	3 500
	草坪		m²	3 000
	临时绿化	乔木、灌木	株	2 870
施工生产生活区	临时排水沟	长度	m	3 800
		砖砌	m³	950
	石子铺地		m²	3 000
	临时沉沙池	开挖土方量	m³	380
		砖砌	m³	60
	草坪砖边坡防护		m²	836.8
	临时绿化	乔木、灌木	株	856
		绿篱	m	416
		葱兰	m²	418
铁路专用线	编织袋装土拦挡	土方量	m³	530
厂外道路	编织袋装土拦挡	土方量	m³	500
厂外供水管线区	编织袋装土拦挡	土方量	m³	6 700
贮灰场区	临时挡土埝	土方量	m³	480

5.4 各类措施实施进度

按防治分区,绘制出主体工程、工程措施、植物措施、临时措施实施进度横道图,图式见图 5-2;说明水土保持措施实施进度是否符合"三同时"、"先拦后弃"和按气候因素合理安排的原则。

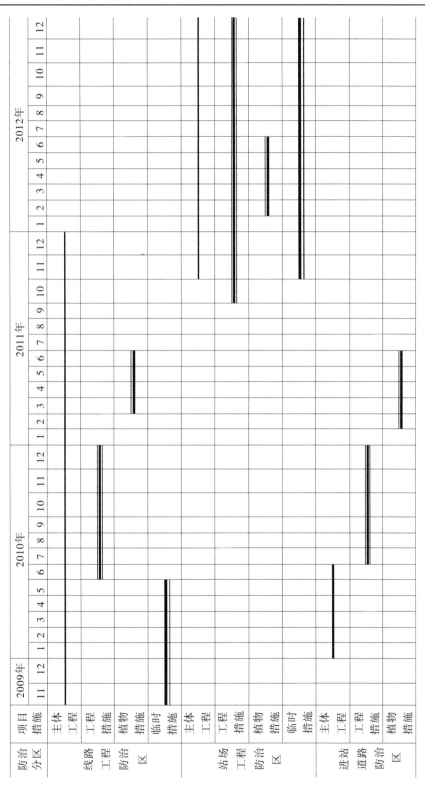

图 5-2　××项目水土保持措施施工进度横道图

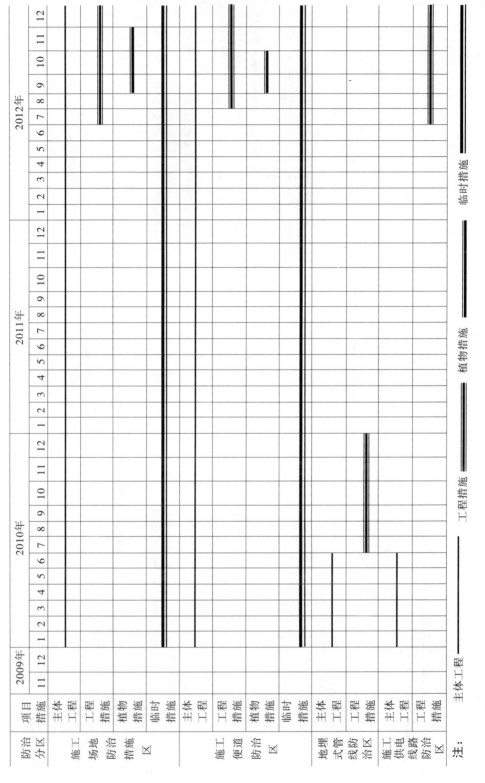

续图 5-2

6

水土保持工程质量评价

质量评价包括对质量管理体系、工程措施、植物措施、临时措施、重要单位工程和工程项目的质量评价。

6.1 质量管理体系

说明项目建设是否建立了质量管理体系和体系中相关单位在质量管理中的作用、采取的措施，评价质量管理体系在保障工程质量中的作用。

例6-1 某输气管道项目

××输气管道工程建设实行了项目法人制、招投标制、监理制、合同管理制；建立了"项目法人负责、监理单位控制、施工单位保证、政府职能部门监督"的质量管理体系。

建设单位成立了安全环保处，负责安全生产、环境保护、主体工程和水土保持设施的质量管理工作，将水土保持设施纳入了主体工程管理体系，实施了统一管理。在合同文件中，有明确的水土保持工程质量管理条款，要求单位工程合格率达到100%，优良率达到85%以上；因工程施工破坏的地貌，承包商必须进行整治。并制定《输气管道施工技术管理规定》、《输气管道工程设施监理管理实施办法》、《输气管道工程地貌恢复工作暂行规定》、《输气管道工程质量检验评定规定》等规章制度。工程实施期间，按照规章制度进行了检查监督，及时了解工程质量状况，协调解决相关问题，组织开展自查初验。在工程款中预留5%作为工程质量保证金，在工程质量保证期(正式交工后一年)内根据具体情况陆续支付。

监理单位编制了监理规划和监理实施细则,开展了有效的监理。监理人员常驻现场,严格把握"事前控制、过程追踪、事后检查"三个环节,根据工程承建合同,签发施工图纸,审查施工单位的施工组织设计和技术措施,指导和监督执行有关质量标准,参加工程质量检查、工程质量事故调查处理和工程验收,对施工单位进行全方位、全过程的监督。

施工单位按照 ISO 9002 标准建立了质量保证体系,采取了质量保证措施,实行了质量责任制。在施工组织设计中,均包括质量保证措施和 HSE 管理措施的内容。施工中坚持对工程采用的原材料、构配件质量进行检验,对水泥砂浆和混凝土的抗压强度进行测试,质量保证资料完整。坚持没有设计技术交底不开工,施工组织设计未批复不开工,施工图纸未会审不开工,施工现场准备条件不充分不开工。同时对工程质量实行自验、互验、专验的"三验制",确保工程质量。

在工程建设期间,政府相关职能部门加强了监督检查,项目所在流域机构、省、地、县水行政主管部门多次到施工现场,检查指导水土保持工作。质监部门对参建、监理、水土保持监测等单位及其人员资质、质量管理体系、施工方案、检测设备、质量记录、质量等级评定等进行抽查和审核。

综上所述,该输气管道工程的质量管理体系健全,制度完善,措施有力,为保证工程质量奠定了坚实的基础。

6.2　工程措施质量评价

6.2.1　自查初验结果

通过查阅水土保持设施竣工验收技术报告,监理、监测、设计、施工的总结报告,工程质量检查和质量评定记录与水土保持设施验收鉴定书,列出自查初验的质量评定表。

6.2.2　评估抽查结果

说明评估抽查比例和方法,列表反映抽查结果。

6.2.3　评估意见

分析自查初验和评估抽查结果,对照单位工程质量评定标准,给出工程措施评定等级。

例6-2　某火电厂二期扩建项目

1. 自查初验结果

工程措施质量自查初验的结果是:拦渣工程、斜坡防护工程、防洪排导工程质量合格,土地整治工程质量优良。详见表6-1。

表6-1　××火电厂二期扩建工程自查初验工程措施质量评定表

单位工程名称	单元工程				分部工程					质量评定
	总项数	合格项	优良项	优良率（%）	总项数	合格项	优良项	优良率（%）	主要分部工程优良率（%）	
拦渣工程	8	8	7	88	2	2	1	50	50	合格
斜坡防护工程	67	67	60	90	3	3	2	67	50	合格
防洪排导工程	170	170	145	85	3	2	2	67	50	合格
土地整治工程	105	105	95	90	2	2	2	100	100	优良

2. 评估抽查结果

评估组按照防治分区对本项目工程措施的单位工程进行了全面核查;对重要单位工程的分部工程核查比例达到100%,其他单位工程的分部工程采取抽查的方式。共抽查了4个单位工程的5

个分部工程、245 个单元工程,抽查比例达 70% 以上,抽查结果见表 6-2。

表6-2 ××火电厂二期扩建工程工程措施现场抽查表

单位工程	分部工程	抽查位置	外观质量描述	外观得分率
拦渣工程	浆砌石墙体	贮煤场西侧挡墙	煤场挡墙砌体采用 MU20 毛石 M5 水泥砂浆砌筑,勾突缝。每 15 m 设一伸缩缝,缝宽 30 mm,沥青麻丝填筑。墙身设有 4% 坡度的 PVC 排水管,符合设计和施工要求,外观完整,砌筑牢固,勾缝宽均匀、密实、无空洞现象,外观质量良好	≥87%
斜坡防护工程	工程护坡	厂区西侧护坡	挡墙高 2.5 m,上部为 250 mm 厚的 C20 混凝土压顶。砌体采用 MU20 毛石 M5 水泥砂浆勾缝,规格尺寸符合设计要求,勾缝密实,砌筑牢固,无空洞现象,外观质量良好	≥87%
		升压站东侧护坡	骨架砌体采用 MU20 毛石 M5 水泥砂浆砌筑,勾突缝。外观基本完好	≥75%
	截排水	升压站东侧护坡坡脚排洪沟	填方段排洪沟纵坡坡脚沿自然地面坡度,采取 MU20 块石砌筑,M5 水泥砂浆勾缝,顶部采用 30 mm 厚混凝土压顶。排水沟断面尺寸:底宽 60 cm,高 30 cm,符合设计要求,边坡基本整平,外观质量较好。个别地方勾缝处不实,有脱落	≥75%

续表 6-2

单位工程	分部工程	抽查位置	外观质量描述	外观得分率
防洪排导工程	排洪导流设施	厂外运煤道路两侧排水沟	土质排水沟,梯形断面,底宽 50 cm,高 50 cm,边坡比 1:1,符合设计要求,边坡基本整平,外观质量较好	≥75%
		施工区东南侧道路两侧排水沟	排水沟为砖砌体 M5 水泥砂浆抹面,梯形断面,底宽 40 cm,深 40 cm,边坡比 1:1,规格尺寸符合设计要求,水泥抹面较平整,个别地方有裂缝,外观质量较好	≥85%
		贮灰场区灰坝平台排水沟	排水沟采用块石砌筑,M7.5 水泥砂浆勾缝,底宽 50 cm,高 50 cm,边坡比 1:1,符合设计要求,块石砌筑牢固,勾缝密实,无空洞现象,外观质量较好	≥80%
土地整治工程	复耕	白沙水库供水管线	施工结束后均已全部平整,并交还当地复耕,复耕情况良好	≥80%

3. 评估意见

评估组认为:通过查阅,本项目工程措施质量报验、检验和验收以及质量评定资料齐全;各项措施均经过施工单位自检、监理抽检、业主联检和省质监站的验收,验收程序完善;中间产品及原材料质量全部合格。通过现场抽查,分部工程和单元工程质量全部合格,分部工程外观得分率有 3 个≥85%,有 5 个在 75% ~80%。综合评定工程措施质量总体达到合格。

6.3　植物措施质量评价

6.3.1　自查初验质量评定结果

根据自查初验、工程质量检验和评定记录、验收鉴定书,说明自查初验质量评定结果,列出自查初验质量评定表。

6.3.2　评估抽查结果

说明评估抽查地点、样方数量、抽样比例,列表反映抽查结果。

6.3.3　评估意见

综合分析自查初验和抽查结果,对照单位工程质量评定标准,确定质量等级。

例6-3　某火电厂二期扩建项目

1.自查初验质量评定结果

自查初验结果是:各防治分区的点片状、线网状植物措施质量均为优良,详见表6-3。

表6-3　××火电厂二期扩建工程植物措施自查初验评定资料统计表

防治分区	分部工程	单元工程				质量评定
		总项数	合格项	优良项	优良率(%)	
厂区	点片状	9	9	9	100	优良
施工生产生活区	点片状	14	14	14	100	优良
贮灰场区	线网状	5	5	5	100	优良
厂外道路	线网状	14	14	14	100	优良
铁路专用线	线网状	11	11	11	100	优良

2.评估抽查结果

评估组在5个防治分区选取了10个点抽样调查了110个样方,抽样比例为45.74% ~ 52.41%。抽查结果:各种林草品种长势绝大多数为好和较好,草皮、草坪覆盖度在95%以上,乔灌木成活率最低85%,有的达到97%,详见表6-4。

表6-4 ××火电厂二期扩建工程植物措施抽查表

防治分区	抽样地点	样方（个）	抽样面积（hm²）	植物措施面积（hm²）	抽样比例（%）	树草种	生长势	成活率（%）	覆盖率（%）
厂区	主厂房区	10	0.59	1.29	45.74	樱花	好	96	
						高秆石榴	好	95	
						桂花	好	95	
						百日红	好	93	
						夹竹桃	好	96	
						红叶石楠	好	91	
						金叶女贞	好	94	
						小叶女贞	好	94	
						红叶小檗	较好	86	
						月季	好	95	
						连翘	较好	89	
						草坪	好		96
	冷却塔区	20	2.27	4.58	49.56	红叶石楠	好	97	
						金叶女贞	好	93	
						小叶女贞	好	95	
						红叶小檗	好	97	
						百日红	好	95	
						银杏	好	96	
						草坪	好		97
	500 kV 升压站区	10	0.62	1.31	47.33	鸢尾	好	97	97
						草皮	好		95
	化学水处理车间、油库区	5	0.12	0.25	48.00	草坪	好		96
	贮卸煤/除灰渣设施区	10	0.42	0.85	49.41	夹竹桃	较好	87	
	铁路运输区	5	0.17	0.36	47.22	夹竹桃	一般	85	

续表 6-4

防治分区	抽样地点	样方（个）	抽样面积（hm²）	植物措施面积（hm²）	抽样比例（%）	树草种	生长势	成活率（%）	覆盖率（%）
厂外道路	运煤道路	5	0.1	0.21	47.62	河南桧	一般	85	
铁路专用线	边坡绿化	10	0.74	1.49	49.66	草皮	好		
施工生产生活区	绿化	20	7.6	14.5	52.41	杨树	好	95	
						大叶女贞	好	95	
						黄芩	好	96	
						射干	好	96	
贮灰场区	灰坝绿化	15	1.45	2.87	50.70	草皮	好		95.6

3. 评估意见

通过内业查阅资料,评估组认为,施工质量检验资料齐全,种苗质量全部合格。通过外业抽查,各种林草植物长势绝大多数为好和较好,乔灌木成活率 85% ~97%,草皮、草坪覆盖率在 95% 以上;点片状、线网状两个分部工程质量评定均为优良。综合评价植物措施质量优良。

6.4　临时措施质量评价

可根据建设单位自查初验结果、工程监理、水土保持档案和有关影像资料进行评估。

6.5　重要单位工程质量评价

应对照单位工程质量评定等级标准,对重要单位工程逐个进行评价,并附照片资料。

对拦渣工程、防洪排导工程、临河建筑物还应评价以下几方面:

(1)是否按照设计选址施工建设,没按设计选址施工建设的要说明原因,分析其合理性。

(2)复核工程规模、等级、设计标准是否符合设计和规范要求。

(3)关键部位几何尺寸是否符合设计要求。

对园林绿化工程,还应评价其树草种选择的适宜性、配置的合理性、保土性能和美观性。

例6-4 某煤矿建设项目

拦矸工程是该项目的重要单位工程,设有拦矸坝、排水沟。

评价意见:

(1)排矸场按设计选址施工建设。

(2)经复核排矸场规模60万 m^3,工程等级为Ⅴ级,设计标准为30年一遇,符合设计和规范要求。

(3)基础坝高5 m、顶宽2 m、顶长33 m、底宽11 m、底长22 m,上下游坝坡比1:1;排水沟底宽0.2 m、深0.3 m,内坡比1:1、长290 m,符合设计要求。

(4)所含分部工程合格率100%,外观得分率80%,主要分部工程质量优良,质量保证资料基本齐全。

综上所述,本项目拦矸工程质量评定为合格。

例6-5 某火电厂二期扩建项目

厂区绿化是本项目重要单位工程,评价意见:

(1)绿化选择的树种有:樱花、高秆石楠、桂花、百日红、夹竹桃、红叶石楠、金叶女贞、红叶小檗、月季、连翘、草坪等,均为当地乡土树草种,体现了适地适树和多样性的原则。

(2)种苗合格率达100%;分部工程全部合格,优良率100%;成活率86%～96%,质量保证资料齐全。

（3）实行乔、灌、草、花相结合，常绿与落叶相结合，做到四季常青，三季有花。

（4）形成了立体防治体系，既保持了水土，又美化了环境。

综上所述，厂区绿化评定为优良。

6.6　工程项目质量评价

应对照工程项目质量评定标准，确定工程项目的质量等级。

例6-6　某火电厂二期扩建项目

该火电厂二期扩建项目共有 5 个水土保持单位工程，重要单位工程为厂区绿化。经评定，工程项目质量合格，详见表6-5。

表6-5　××火电厂二期扩建工程项目质量评定表

单位工程					重要单位工程等级	工程项目等级
数量（个）	合格数（个）	合格率（%）	优良数（个）	优良率（%）		
5	5	100	2	40	优良	合格

水土保持监测评价

本章应介绍监测的实施情况,给出主要监测成果,评价监测实施是否符合《水土保持监测技术规程》的要求,监测成果是否可信。

7.1   监测实施

从监测机构、分区、时段、内容、方法、频次和监测点位布设等方面简要说明监测开展情况。

7.2   主要监测成果

7.2.1   扰动地表面积监测

给出项目建设扰动地表总面积和各防治分区扰动面积监测成果,并对照方案预测扰动地表面积,说明增减情况。

7.2.2   土壤侵蚀模数动态监测

给出项目建设区原地貌土壤侵蚀模数、扰动后土壤侵蚀模数、防治措施实施后土壤侵蚀模数的监测结果,并列表反映各防治分区侵蚀模数变化情况。

7.2.3   土壤流失量动态监测

给出项目建设区原地貌土壤流失量、扰动后土壤流失量和新增土壤流失量、防治措施实施后土壤流失量的监测成果,分析原地貌、扰动后和防治措施实施后年土壤流失量的变化情况。

7.2.4   弃土(石、渣)量监测

给出各弃土(石、渣)场弃土(石、渣)量、拦挡量和拦渣率监测

结果。

7.2.5　设计水平年六项防治目标值监测

给出设计水平年各防治分区和项目综合目标值监测成果。

7.3　评价意见

评价监测机构是否具有与项目相应的资质,监测组织是否健全,监测分区和时段划分是否正确,监测内容是否全面,监测方法是否可行,监测点位布设是否合理,监测频次能否满足要求,监测结果是否可信。

例　某输气管道项目

1. 监测实施

监测机构:该项目属新建特大型Ⅰ级工程,项目建设单位委托××具有甲级监测资质的机构承担监测工作。监测机构接受委托后成立了项目水土保持监测领导小组和项目部,下设3个区段监测组。参加监测人员达到39人,其中教授级高级工程师3人,博士4人,高级工程师28人,涵括水土保持、水利、水工、地理信息系统、生态学、植物学、林学、农田水利等多学科、多专业。制订了监测实施方案,培训了技术队伍,全面开展了水土保持监测工作。

监测分区:按土壤侵蚀类型划分了风力侵蚀、风力水力侵蚀交错两个一级区;按地貌类型划分了天山山地、吐哈盆地及河西走廊戈壁沙漠、河西走廊及沙漠绿洲、黄土高原干旱草原、毛乌素沙地、陕北覆沙黄土六个二级区;按项目组成划分了管道作业带、山体隧道穿越、河流沟渠穿越、铁路公路穿越、站场阀室、施工便道、临时取弃土场、弃渣场八个三级分区。

监测时段:由于项目建设单位在工程开工后才委托监测机构进行水土保持监测,监测时段从委托之日起至设计水平年。

监测内容:包括水土流失因子监测、水土流失状况监测、水土保持成效监测和重大水土流失事件监测。

监测方法:采取调查监测、定位观测和遥感监测方法。

监测频次:扰动地表监测施工前、中、后各 1 次;水土保持工程措施及其防治效果每月监测 1 次;水土保持植物措施每季度监测 1 次;风蚀在风季、水蚀在雨季每月监测 1 次,遇风速大于 5 m/s、降水大于 20 mm/d 时加测。

监测点位布设:全线布设固定监测点 52 个,临时监测点 42 个,遥感监测地段 3 处。

2. 主要监测成果

1)扰动地表监测成果

据监测,该项目实际扰动地表面积 8 110.86 hm²,较方案预测扰动地表面积 8 510.43 hm² 减少了 399.57 hm²,全线、各区段、各防治分区扰动地表面积监测结果见表 7-1。

2)土壤侵蚀模数动态监测成果

项目建设区原地貌平均土壤侵蚀模数 3 416.77 t/(km²·a);扰动后平均土壤侵蚀模数 7 546.15 t/(km²·a),是原地貌土壤侵蚀模数的 2.2 倍;防治措施实施后平均土壤侵蚀模数 1 100 t/(km²·a),较原地貌土壤侵蚀模数低 68%。防治措施实施后全线年均土壤侵蚀模数是六个二级监测分区的加权平均值。

分区土壤侵蚀模数监测结果见表 7-2,项目区治理后平均土壤侵蚀模数监测结果见表 7-3,各监测点位土壤侵蚀模数监测结果见图 7-1～图 7-7。

3)土壤流失量的动态监测结果

项目建设期原地貌土壤流失量 76.204 万 t,扰动后土壤流失量 159.09 万 t,较原地貌新增 82.886 万 t。经分析,原地貌年土壤流失量 27.71 万 t;扰动后年土壤流失量 57.86 万 t,是原地貌的两倍多;防治措施实施后年土壤流失量 8.50 万 t,相当于原地貌年土壤流失量的 30.67%。详见表 7-4、表 7-5。

表 7-1 ××输气管道项目全线、各区段、各防治分区扰动地表监测结果表

区段	防治分区	预测扰动地表面积（hm²）	实际扰动面积（hm²）	变化情况（hm²）
全线合计	管道作业带	8 028.87	7 579.03	−449.84
	山体隧道穿越区	16.00	12.00	−4.00
	河流沟渠穿越区	107.49	160.07	52.58
	铁路公路穿越区	44.22	42.84	−1.38
	站场阀室区	64.34	157.20	92.86
	施工道路区	239.70	147.15	−92.55
	临时取弃土场区	3.80	0	−3.80
	弃渣场	6.01	12.57	6.56
	小计	8 510.43	8 110.86	−399.57
主干线霍尔果斯—中卫段	管道作业带	7 182.73	6 713.55	−469.18
	山体隧道穿越区	16.00	12.00	−4.00
	河流沟渠穿越区	98.59	156.95	58.36
	铁路公路穿越区	40.88	37.47	−3.41
	站场阀室区	60.91	153.49	92.58
	施工道路区	209.70	121.95	−87.75
	临时取弃土场区	3.50		−3.50
	弃渣场	6.01	12.57	6.56
	小计	7 618.32	7 207.98	−410.34
中卫—靖边联络线	管道作业带	846.14	865.48	19.34
	山体隧道穿越区			0
	河流沟渠穿越区	8.90	3.12	−5.78
	铁路公路穿越区	3.34	5.37	2.03
	站场阀室区	3.43	3.71	0.28
	施工道路区	30.00	25.20	−4.80
	临时取弃土场区	0.30		−0.30
	弃渣场	0		0
	小计	892.11	902.88	10.77

表 7-2 ××输气管道项目土壤侵蚀模数监测结果表 （单位：t/(km² · a)）

时段	管道作业带	山体隧道穿越区	河流沟渠穿越区	铁路公路穿越区	站场阀室区	施工道路区	伴行道路区	弃土(石、渣)场区	项目区
原地貌	3 564.9	1 666.7	281.3	640.7	942.67	2 885.5	740.74	4 126.98	3 416.77
扰动后	6 142.09	1 392.18	4 693.14	6 755.54	5 065.61	5 599.09	1 347.43	5 309.52	7 546.15
治理后									1 100

表 7-3 ××输气管道项目治理后平均土壤侵蚀模数监测结果表 （单位：t/(km² · a)）

监测分区	天山山地区	吐哈盆地及河西走廊戈壁沙漠区	河西走廊及沙漠绿洲区	黄土高原干旱草地区	毛乌素沙地区	陕北覆沙黄土区	全线加权平均值
侵蚀模数	1 100	1 165	975	1 078	1 210	1 050	1 100

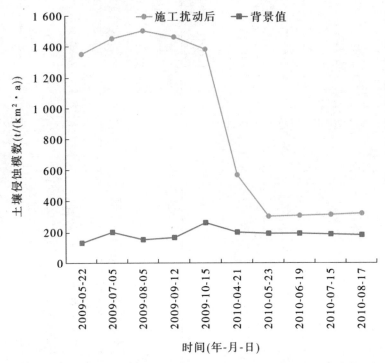

图 7-1　首阀站监测点实测扰动与对照观测侵蚀模数对比分析图

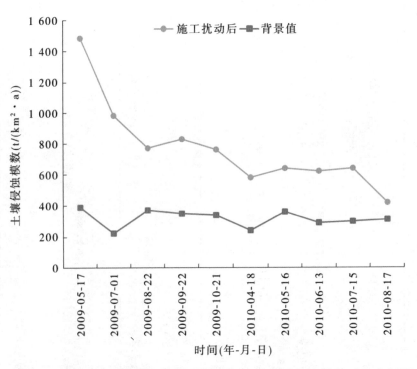

图 7-2　红层火车站监测点实测扰动与对照观测侵蚀模数对比分析图

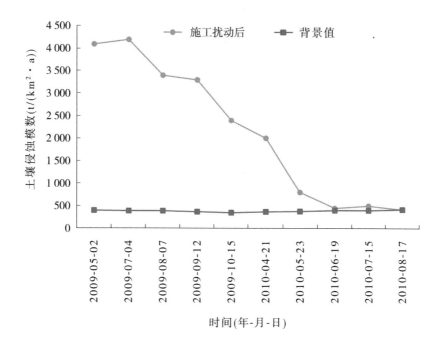

图 7-3 精河道班监测点实测扰动与对照观测侵蚀模数对比分析图

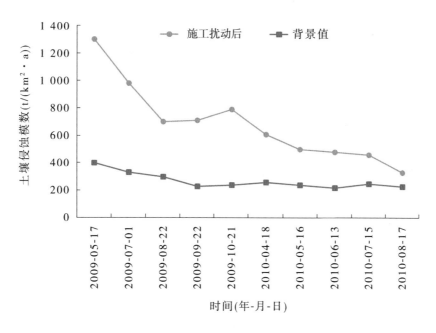

图 7-4 A042 处监测点实测扰动与对照观测侵蚀模数对比分析图

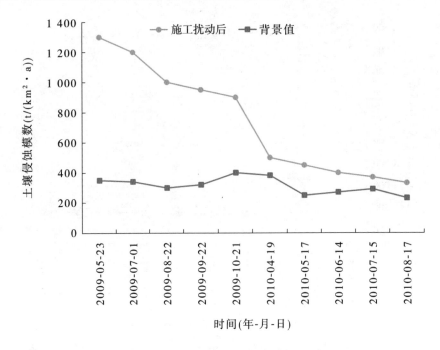

图 7-5　哈密花园乡监测点实测扰动与对照观测侵蚀模数对比分析图

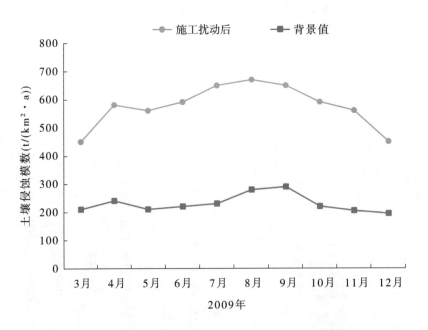

7-6　古浪县八步沙监测点实测扰动与对照观测侵蚀模数对比分析图

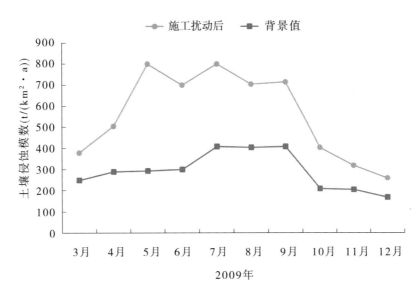

图 7-7   凉州区金塔河监测点实测扰动与对照观测侵蚀模数对比分析图

表 7-4   ××输气管道项目建设期水土流失量监测结果表（单位：万 t）

时段	管道作业带	山体隧道穿越区	河流沟渠穿越区	铁路公路穿越区	站场阀室区	施工道路区	伴行道路区	弃土(石、渣)场区	项目区
原地貌	74.381	0.005	0.125	0.071	0.406	1.040	0.032	0.144	76.204
扰动后	153.536	0.009	0.287	0.148	0.879	2.332	0.058	1.841	159.090
扰动新增	79.155	0.004	0.162	0.077	0.473	1.292	0.026	1.697	82.886

表 7-5   ××输气管道项目年土壤流失量监测结果表   （单位：万 t）

时段	管道作业带	山体隧道穿越区	河流沟渠穿越区	铁路公路穿越区	站场阀室区	施工道路区	伴行道路区	弃土(石、渣)场区	项目区
原地貌	27.050	0.002	0.045	0.026	0.148	0.378	0.012	0.052	27.710
扰动后	55.830	0.033	0.093	0.054	0.320	0.844	0.021	0.669	57.864
治理后	8.336	0.001	0.019	0.009	0.006	0.111	0.004	0.014	8.500

4) 弃土(石、渣)量监测结果

项目实际设置集中弃土(石、渣)场 14 处,占地 12.57 hm^2,弃土(石、渣)量 37.49 万 m^3,拦土(石、渣)量 36.25 万 m^3,拦渣率 96.69%,详见表 7-6。

表 7-6　××输气管道项目弃土(石、渣)场监测结果表

序号	合同标段	弃土(石、渣)场	堆渣类型	占地面积(hm^2)	弃土(石、渣)量(万 m^3)	拦土(石、渣)量(万 m^3)
全线合计				12.57	37.49	36.25
1	新疆段	1 标	大东沟渣场	碎石及碎屑物	0.20	1.50
2		1 标	果子沟 2$^\#$~3$^\#$ 隧道 1$^\#$ 渣场	碎石及碎屑物	0.77	4.70
3		1 标	果子沟 2$^\#$~3$^\#$ 隧道 2$^\#$ 渣场	碎石及碎屑物	0.77	4.70
4		1 标	赛里木湖渣场	碎石及碎屑物	1.64	10.06
5		4A 标	头屯河渣场	沙砾石及土混合物	0.16	1.00
6		4B 标	后沟 1# 渣场	碎石及碎屑物	0.25	1.50
7		4B 标	后沟 2$^\#$ 渣场	碎石及碎屑物	0.38	2.40
		小计			4.17	25.86
8	甘肃段	8B	玉门赤金峡渣场	砂石混合物	6.78	8.32
9		9A	瓜州县桥湾渣场	砂石混合物	0.12	0.14
10		9B	山丹南湾临时监测点附近渣场	砂石混合物	0.89	0.26
11		11	上沙沃临时监测点 K2269+284 渣场	砂石混合物	0.21	0.11
		小计			8.00	8.83

续表7-6

序号	合同标段		弃土(石、渣)场	堆渣类型	占地面积(hm²)	弃土(石、渣)量(万 m³)	拦土(石、渣)量(万 m³)
12	宁陕段	12	中卫市水沟黄河隧道东口渣场	沙土及碎石混合物	0.20	1.20	
13		12	中卫市水沟隧道南口渣场	沙土及碎石混合物	0.12	1.00	
14		13	中卫市上河段武警部队东南侧渣场	沙土及碎石混合物	0.08	0.60	
	小计				0.40	2.80	2.7

5)设计水平年六项防治目标监测结果

(1)扰动土地整治率95.71%。

(2)水土流失总治理度95.54%。

(3)土壤流失控制比0.91。

(4)拦渣率96.69%。

(5)林草植被恢复率95.57%。

(6)林草覆盖率14.68%。

3.评价意见

建设单位委托具有甲级水土保持监测资质的机构进行监测,符合水土保持监测的有关规定;监测组织健全,技术力量强;水土保持监测划分为2个一级区、6个二级区、8个三级区,符合项目区实际;虽然在项目开工后才接受委托,但监测机构采取对照点监测方法对项目区本底值进行了监测;监测内容全面;监测方法可行,特别是率先采用遥感方法对生产建设项目水土保持进行监测,开了个好头;全线布设的94个监测点有代表性;监测频次基本能满足要求;监测结果可信度较高,特别是土壤侵蚀模数、土壤流失量的监测成果符合水土流失规律。

水土保持监理评价

　　本章应介绍监理工作的实施,给出监理结果,评价监理实施的规范性、监理成果的可靠性和监理工作的作用。

8.1　监理的实施

　　说明监理机构的设置、监理人员的配备、监理制度的建立、采用的监理方法、监理的主要内容。

8.2　主要监理成果

　　包括开工条件控制、质量控制、进度控制、投资控制、信息管理的成果。

8.3　评价意见

　　评价监理机构是否健全、监理人员配备是否合理、监理制度是否完善、监理方法是否可行、监理内容是否全面、监理成果是否可信和监理发挥的作用。

　　例　某输气管道工程

　　1.监理实施

　　项目建设单位委托具有甲级监理资质的××单位承担了水土保持工程的施工监理。

　　监理机构:监理公司成立了新疆、甘肃、宁陕三个监理部。

　　监理人员:派出两名高级工程师担任项目总监,监理人员由总监理工程师、专业监理工程师、HSE 工程师组成,共 12 人。

监理制度:制定了技术文件审核、审批制度,材料、构配件和工程设备检验制度,工程质量检验制度,工程计量与付款签证制度,工地会议制度,工作报告制度,工程验收制度,施工现场紧急情况报告制度。

监理方法:采取现场记录、发布文件、旁站监理、巡视检验、跟踪检测、平行检测等方法。

监理内容:主要有开工条件控制、工程质量控制、工程进度控制、工程投资控制和信息管理。

工程监理期间,共计完成调查总结报告 15 份,印发监理月报 11 期、监理周报 45 期,完成 23 个单位工程、83 个分部工程、8 043 个单元工程的监理。

2. 主要监理成果

1)进度控制方面:根据监理规划确定的进度控制实施系统,结合批准的工程总体施工进度、阶段进度、计划和单元工程进度,通过监理使水土保持工期目标顺利实现,工程建设圆满完成。水土保持工程完成情况见表 8-1 ~ 表 8-3 和图 8-1。

2)质量控制方面:在项目实施过程中,根据监理规划确定的质量控制流程,严格按规定对工程质量实施监督与控制,经过监理的 23 个单位工程、83 个分部工程、8 043 个单元工程质量全部合格,详见表 8-4。

3)在投资控制方面:按照水土保持工程施工合同,监理工程师在严把施工质量、准确计量工程量、确保工程量确认签证的准确性和真实性的基础上,本着实事求是的原则,认真负责的态度,对工程投资进行了严格管理,保证了工程资金最大限度地发挥其应有的效益。水土保持方案估算总投资 28 994.59 万元,实际完成投资 34 050.94 万元。投资完成情况见图 8-2。

表8-1　××输气管道项目新疆段水土保持临时措施完成情况表

线路	防治区	临时覆盖（hm²）	表土剥离（万m³）	排水沟		盐结皮保护（hm²）	沉沙池		
				长（m）	土石方（m³）		数量（个）	土石方（m³）	浆砌石（m³）
新疆段	天山山地区	774	287.15	3 716	744	33.75	10	430	140
	吐哈盆地	578	0.75	1 831	366	77.55	6	258	84

表8-2　××输气管道项目甘、宁、陕段水土保持临时措施完成情况表

项目区	标段	围堰（m³）	排水沟（m³）	塑料布防水（m²）	编织袋挡水（m³）	表土剥离（万m³）	排水涵管（m）	砾石压盖（m³）	撒播种草（m²）	洒水（m³）
甘肃	7	12 500		800		4.8				
	8A			260	453	2.16		6 200		
	8B	10 880		428	3 074	5.7				
	9A		2 380	239	467					
	9B	1 800		2 100	10 248.5	6.15	765			
	10A	2 283	39 840		8 570	13.3				
	10B					17.2				
	11	10 300	23 000			9.2		13 580		
	12					0.46		4 105	7 200	
宁夏	支ⅠA	无								
	ⅠB									
陕西	支2			6 792		21.5				30 210

表 8-3 ××输气管道项目新、甘、宁陕水土保持永久工程完成情况统计表

项目	草方格 （hm²）			砾石压盖 （hm²）		种草 （hm²）			造林 （万株）	弃渣整治 （万 m³）		
	新疆	甘肃	宁陕	新疆	甘肃	新疆	甘肃	宁陕	宁陕	新疆	甘肃	宁陕
方案设计	28.68	0	86.02	951.62	426.19	217	494	188.3	5.04	218.92	84.88	8.58
实际完成	78.67	139.3	340.14	37.82	708.8	205	334	652.3	116.22	218.92	84.88	8.58

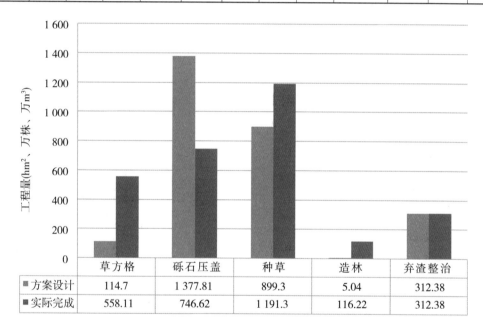

图 8-1 ××输气管道项目水土保持永久工程完成情况柱状图

3. 监理评价

监理机构具有甲级水土保持监理资质，符合规定要求，监理人员配备合理，监理制度完善，监理方法可行，监理内容全面，监理结果可信。通过监理确保了工程建设行为的合法性、合理性、科学性、安全性与时效性。

表 8-4　××输气管道项目水土保持工程质量评定结果表

名称	工程分类	数量				评定结果
		新疆	甘肃	宁陕	合计	
水工保护浆砌石	单元	4 389	2 138	406	6 933	合格
草方格	单元	5	13	21	39	合格
砾石压盖	单元	6	21		27	合格
管堤平整	单元	50	28	17	95	合格
人工种草	单元	7	40	24	71	合格
人工造林	单元			24	24	合格
弃渣整治	单元	694	110	4	808	合格
水土保持分项工程	单元	5 151	2 350	542	8 043	合格
水土保持分部工程	分部	33	30	20	83	合格
水土保持单位工程	单位	11	8	4	23	合格

水土保持防治实现的控制目标：

一、扰动土地整治率目标 94%，治理后为 95.71%；

二、水土流失总治理度目标 88%，治理后为 95.54%；

三、土壤流失控制比目标 0.6，治理后为 0.91；

四、拦渣率目标 93%，治理后为 96.69%；

五、林草植被恢复率目标 95%，治理后为 95.57%；

六、林草覆盖率目标 10%，治理后为 14.68%。

水土保持单位工程质量总体评定结果：合格。

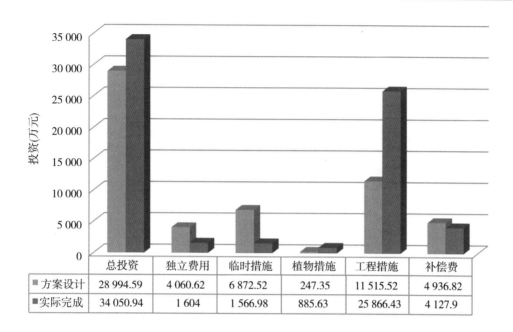

	总投资	独立费用	临时措施	植物措施	工程措施	补偿费
■方案设计	28 994.59	4 060.62	6 872.52	247.35	11 515.52	4 936.82
■实际完成	34 050.94	1 604	1 566.98	885.63	25 866.43	4 127.9

图 8-2　××输气管道项目水土保持投资完成情况柱状图

水土保持投资及资金管理评价

9.1 水土保持投资

9.1.1 实际发生的水土保持投资

通过查阅水土保持工程决算资料,核算得出实际发生的水土保持总投资和工程措施、植物措施、临时措施、独立费用、预备费、水土保持补偿费等各组成部分的投资数额,用文字说明,详细内容列表反映。

9.1.2 水土保持投资分析

将实际发生的投资与方案或设计文件估(概)算投资进行对比分析,说明总投资和各防治分区投资的增减情况及变化原因。

例 9-1　某火电厂二期扩建项目

1. 实际完成的水土保持投资

由于主体工程的竣工结算工作尚未完全结束,本次评估的水土保持投资由业主提供相关的结算资料进行核算统计,共完成水土保持投资 2 201.51 万元。其中工程措施 1 514.51 万元,植物措施 319.75 万元,临时措施 207.12 万元,独立费用 152.83 万元,水土保持补偿费 7.3 万元(补偿费已上交地方财政)。具体内容见表 9-1。

2. 水土保持投资分析

经分析,该火电厂二期扩建工程实际完成水土保持投资较方案估算投资增加 566.60 万元,其中工程措施费增加了 525.50 万元,植物措施费减少了 39.59 万元,临时措施费增加了 102.47 万元,独立费用增加了 24.39 万元。水土保持投资详细变化情况和原因见表9-2。

表9-1　××火电厂二期扩建工程水土保持投资完成情况表

序号	防治分区	措施名称		单位	工程量	投资(万元)
第一部分　工程措施						1 514.51
1	厂区	厂区平整		hm²	32.2	389.03
		排水工程	雨水排水系统	km	5.4	689.2
			护坡坡脚排洪沟	m/m³	870/320	12.9
		边坡防护工程	浆砌块石骨架	m²	16 500	47.6
			毛石挡墙	m/m³	668/3 114	104.3
		拦挡工程	贮煤场挡墙	m/m³	344/3 098	78.6
2	施工生产生活区	排水工程	砖砌排水沟	m/m³	4 300/1 075	23.6
			毛石排洪沟	m/m³	1 100/375	16.3
3	铁路专用线	方庄车站排水沟	长度	m	1 700	27.0
			浆砌片石	m³	1 260	
			开挖土方量	m³	2 500	
4	厂外道路	排水沟	长度	m	2 800	2.1
			开挖土方量	m³	1 400	
5	厂外供水管线区	平整、复耕		hm²	51.76	105.88
6	贮灰场区	平台排水沟	土方量	m³	432	18
			浆砌石	m³	295	
第二部分　植物措施						319.75
1	厂区	乔、灌、草		hm²	8.59	262.98
2	施工生产生活区	乔、草		hm²	14.507	20
3	铁路专用线	草皮		hm²	0.616	6.47
4	厂外道路	灌木		hm²	0.209	4.3
5	贮灰场区	草皮		hm²	2.87	26

续表 9-1

序号	防治分区	措施名称		单位	工程量	投资(万元)
		第三部分　临时措施				207.12
1	厂区	基坑彩条布临时覆盖		m²	3 000	1.5
		临时排水沟	长度	m	1 900	9.5
			砖砌	m³	475	
		石子铺地		m²	2 100	23
		草坪砖边坡防护		m²	3 500	25.6
		草坪		m²	3 000	5.04
		栽植苗木绿化		株	2 150	
2	施工生产生活区	临时排水沟	长度	m	3 800	18.9
			砖砌	m³	950	
		石子铺地		m²	3 000	32
		临时沉沙池	开挖土方量	m³	60	2.7
			砌筑	m³	380	
		草坪砖边坡防护		m²	836.8	6.4
		栽植绿篱		m	416	15.73
		栽植苗木绿化		株	856	
3	铁路专用线	编织袋拦挡		m³	530	4.53
4	厂外道路	编织袋拦挡		m³	500	4.27
5	厂外供水管线区	编织袋拦挡		m³	6 700	57.22
6	贮灰场区	临时挡土埝		m³	480	0.73
		第四部分　独立费用				152.83
1		建设管理费				40.83
2		工程建设监理费				0
3		科研勘测设计费				30
4		水土保持监测费				32
5		工程质量监督费				0
6		水土保持设施验收评估费				50
		第一至第四部分合计				2 194.21
		基本预备费				0
		水土保持补偿费				7.3
		水土保持总投资				2 201.51

表9-2　××火电厂二期扩建工程水土保持投资分析表

（单位：万元）

序号	防治分区	措施或费用名称	设计投资	完成投资	变化值	变化原因分析
	第一部分	工程措施	989.01	1 514.51	525.50	
1	厂区	场地平整	53.20	389.03	335.83	面积增加0.8 hm²，改变竖向布置，填挖方量加大，增加表土剥离费用
		雨水排水管线	480.80	689.20	208.40	雨水排水管线加长
		护坡坡脚排洪沟		12.90	12.90	施工新增
		浆砌石骨架护坡	76.30	47.60	-28.7	面积减少5 550 m²
		坡脚毛石挡墙	17.00	104.30	87.3	工程量加大
		贮汽煤场挡墙	29.90	78.60	48.70	高度增加
2	施工生产生活区	砖砌排水沟		23.60	23.60	施工新增
		毛石排水沟		16.30	16.30	施工新增
3	铁路专用线	车站排水沟		27.00	27.0	车站改造，恢复，新建部分水保工程
		路基两侧浆砌石排水沟	112.43	不计列	-112.43	未实施，用原有部分涵管代替
		浆砌片石护坡	23.90	不计列	-23.90	不界定为水土保持工程
		挡土墙	17.30	不计列	17.30	不界定为水土保持工程
4	厂外道路	路基两侧浆砌石排水沟	85.46	2.1	-83.36	浆砌石排水沟改沟土质排水沟
5	厂外供水管线区	复耕		105.88	105.88	设计投资漏项
6	贮灰场区	石膏坝	13.59		-13.59	石膏100%综合利用，未实施
		石膏车防渗	79.13		-79.13	石膏100%综合利用，未实施
		平台排水沟		18.00	18.00	灰坝加高到二级子坝，坝坡平台设排水沟

续表9-2

序号	防治分区	措施或费用名称	设计投资	完成投资	变化值	变化原因分析
	第二部分	植物措施	359.34	319.75	-39.59	
1	厂区	绿化	263.06	262.98	-0.08	乔灌木减少,草坪面积扩大
2	施工生产生活区	种草	30.36	20.00	-10.36	该区作为三期扩建预留地,增加道路、建筑物和硬化面积,种草面积减少
3	铁路专用线	植物护坡	3.15	6.47	3.32	原为紫穗槐护坡,改为三维网草皮护坡
4	厂外道路	行道树	0.84	4.30	3.46	设计为垂柳,改为侧柏,单价提高
5	厂外供水管线区	造林、种草	58.62		-58.62	取水阀井代替取水首部,造林种草未实施
6	贮灰场区	草皮	3.31	26.00	22.69	石膏坝坡铺草皮改为贮灰场二级子坝草皮绿化,面积扩大
	第三部分	临时措施	104.65	207.12	102.47	增加临时堆土,堆料防护措施,砖砌排水沟,沉沙池增加了砂浆抹面
	第四部分	独立费用	128.44	152.83	24.39	建设管理费增加28.01万元,工程监理费列入主体监理中减少48万元,水土保持监测费减少4.98万元,取消工程质量监督费0.64万元,增加水土保持设施验收评估费50万元
	基本预备费		46.17		-46.17	与主体一同计列
	水土保持设施补偿费		7.3	7.3	0	
	水土保持总投资		1 634.91	2201.51	566.60	

9.2　投资控制和财务管理

从水土保持投资管理、规章制度制定、投资控制方法和开工预付款支付、工程进度款支付、工程竣工结算的支付程序等方面分析说明。

例9-2　某输气管道项目

××输气管道工程的水土保持投资由建设单位下设财务处负责管理。为加强财务管理,规范财务行为,合理、及时地提供建设资金,加快工程进程,缩短建设工期,保证工程质量,提高资金使用效益,结合工程实际情况,制定印发了《工程资金管理办法》、《工程财务决算暂行规定》、《固定资产管理办法》和一整套与之配套的表格。

建设单位将水土保持工程纳入招标管理中,将水土保持投资列入主体工程概算,实行统一管理,在施工合同文件中,不仅规定了水土保持工程量、水土保持投资,而且有明确的工程质量条款,要求单位工程合格率达到100%,优良率达到85%;因施工破坏的地貌,施工单位必须进行整治。水土保持投资的控制以合同管理为主,重点加强工程计量、单价和索赔管理。

资金支付按施工合同协议书规定的程序进行,按工程预付款支付、工程进度款支付、工程竣工结算款支付三个阶段办理。

各阶段需要施工单位提出申请和提供下述资料。

工程预付款支付:需提交履约保证金或履约保函、预付款申请单。

工程进度款支付:需每月向监理报送支付申请单,并写明截至该月累计完成工程量与投资、当月完成工程量与投资;提供该次支付造价分析表、月计量申报表、工程量签证报审表和完成工程质量检验证书。

工程竣工决算支付:需要填写《工程竣工结算签证单》,并编报竣工结算书和有关结算资料。

各类支付款结算程序是：施工单位提交支付申请单和有关表格、证书→监理工程师核查申请单所列项目是否已按相关标准、图纸和程序文件的要求完成→监理分部总监、副总监复核→业主代表复审无误→业主按应付资金开据支付证明→银行将款项直接支付施工单位。做到了施工单位、监理单位和建设单位之间相互监督制约，确保资金使用的合理性，发挥最大的效益。

例9-3　某运河续建项目

××运河续建工程从建立规章制度、规范财务管理、严格工程结算三方面进行投资控制和财务管理。

1.规章制度

为保证工程计划管理与投资控制工作有据可依及顺利进行，建设单位制定了《××省治淮东调南下工程建设管理局合同管理办法》、《××省治淮东调南下工程建设管理局工程结算管理办法》、《××省治淮东调南下工程建设管理局工程概预算管理办法》和《××省治淮东调南下工程建设管理局合同变更管理办法》等规章制度，加强资金管理，规范财务行为，提高资金使用效益。

2.财务管理

××省治淮东调南下工程建设管理局依照《国有建设单位会计制度》等有关规定，制定了《内部财务会计控制制度——基本规范》、《工程资金管理办法》、《工程价款结算管理办法》，确保合理、及时地提供建设资金，加快工程进度，缩短建设工期，保证工程质量，提高资金的使用效益。

为使工程质量和投资得到有效控制，建设单位制定了《工程变更设计管理办法》，对工程变更实行建设、设计、监理、施工四方会审制度，坚持严格程序、科学论证、现场审定、逐级审批制度。

对工程计量支付，建设单位本着"实事求是、严格控制"的原则，按权限及程序逐级审批后再予以支付。

3. 工程结算

1）进度款结算

各承包商将经监理工程师验收合格的工程按分部、单元工程报经营部门负责人审核，项目经理签署意见并加盖项目部公章后，报送至监理承包商。

各监理工程师负责组织审核施工承包商上报的施工进度报表，并经总监理工程师签字，加盖监理部公章后，报建设单位。

建设单位对各施工标段承包商上报的施工进度报表、工程质量和工程量进行复核确认，经单位负责人签字后，提交财务科结算。

财务科在接到单位领导批准的工程付款通知单后，向承包商支付工程价款。

2）竣工结算支付

工程竣工后，承包商填写结算书，同时向监理工程师报送相关竣工结算资料。

监理单位在规定时间内组织审核并经总监理工程师签署后提交建设单位。

建设单位在规定时间内组织专业人员对工程量、工程质量、技术材料完成验收、档案交接后，进行竣工结算。

9.3 经济财务评价

应评价水土保持投资是否及时足额到位，资金管理组织、财务制度是否健全，工程的投资控制和价款结算程序是否严格，是否做到施工单位、监理单位和建设单位之间相互监督制约，财务支出是否合理。

水土保持效果评价

本章包括水土流失防治效果、防治效果分析、公众满意程度和评价意见四节。

10.1　水土流失防治效果

水土流失防治效果包括水土流失治理、生态环境和土地生产力恢复情况两方面。水土流失治理用扰动土地整治率、水土流失总治理度、土壤流失控制比、拦渣率反映。生态环境和土地生产力恢复情况用林草植被恢复率、林草覆盖率、耕地恢复率说明。

评估组通过收集、调查、量测获取设计水平年的工程建设和水土保持各项指标,采取下列公式计算各项目标达到值。

$$\text{扰动土地整治率(\%)} = \frac{\text{水土保持措施面积} + \text{永久建筑物占地面积} + \text{硬化面积}}{\text{建设期扰动地表面积}} \times 100\%$$

$$\text{水土流失总治理度(\%)} = \frac{\text{水土保持措施面积}}{\text{项目建设区水土流失总面积}} \times 100\%$$

$$\text{土壤流失控制比} = \frac{\text{项目区土壤容许流失量}}{\text{采取措施后土壤侵蚀模数}}$$

$$\text{拦渣率(\%)} = \frac{\text{采取措施后实际拦挡的弃土(石、渣)量}}{\text{弃土(石、渣)总量}} \times 100\%$$

$$\text{林草植被恢复率(\%)} = \frac{\text{林草植被面积}}{\text{可恢复林草植被面积}} \times 100\%$$

$$\text{林草覆盖率(\%)} = \frac{\text{林草植被面积}}{\text{项目建设区总面积}} \times 100\%$$

$$\text{耕地恢复率(\%)} = \frac{\text{恢复(造)耕地面积}}{\text{破坏耕地面积}} \times 100\%$$

式中:

- 各种面积均为项目建设区范围内相应的垂直投影面积。
- 水土保持措施面积=工程措施面积+植物措施面积。
- 建设区水土流失总面积=项目建设区面积-永久建筑物占地面积-场地道路硬化面积-建设区内未扰动的微度侵蚀面积。
- 林草植被面积为采取林草措施的面积。
- 可恢复林草植被面积为目前经济、技术条件下可能恢复林草植被的面积(不含复耕面积)。
- 水利水电类项目建设区总面积应扣除正常水位的淹没面积。
- 乔、灌、草结合的立体防护措施面积不能重复计算。
- 土地整治按其利用方向计算面积。整治后造林种草的计入植物措施面积,复耕的计入工程措施面积。
- 采取措施后实际拦挡的弃土(石、渣)量应为各弃土(石、渣)场实际拦挡量之和。
- 采取措施后土壤侵蚀模数应为各防治分区土壤侵蚀模数的加权平均值。
- 恢复(造)耕地面积为项目建设区恢复耕地面积+异地造地面积。

例 10-1　某火电厂二期扩建工程

1. 水土流失治理

(1)扰动土地整治率和水土流失总治理度

根据评估组调查,××火电厂二期扩建工程建设实际扰动土地 131.53 hm² (扣除贮灰场目前未扰动的面积 15.16 hm²),永久建筑物占地及硬化面积 36.22 hm² (含城市用地),造成水土流失面积 95.31 hm²,扰动土地治理面积 92.84 hm²,其中工程措施面积 61.82 hm² (含复耕面积 51.76 hm² 和贮灰场灰渣覆土整治面积 6.32 hm²),植物措施面积 31.02 hm² (含贮灰场一期植物措施面积 4.23

hm²），工程扰动土地整治率达到 98.12%，水土流失总治理度达到 97.30%，详见表 10-1。

表 10-1 ××火电厂二期扩建工程扰动土地整治率、水土流失总治理度表

防治分区	扰动面积（hm²）	建筑物及硬化面积（hm²）	治理面积（hm²）			水土流失面积（hm²）	扰动土地整治率（%）	水土流失总治理度（%）
			工程措施	植物措施	小计			
厂区	32.2	21.25	2.04	8.59	10.63	10.95	99.01	97.08
施工生产生活区	20	3.71	0.65	14.51	15.16	16.29	94.35	93.06
铁路专用线	3.05	2.18	0.21	0.61	0.82	0.87	98.36	94.25
厂外道路	2.28	1.21	0.84	0.21	1.05	1.07	99.12	98.13
厂外供水管线区	58.88	7.12	51.76		51.76	51.76	100	100
贮灰场区	15.12	0.75	6.32	7.1	13.42	14.37	93.72	93.39
合计	131.53	36.22	61.82	31.02	92.84	95.31	98.12	97.30

（2）土壤流失控制比

项目区的地貌类型为山前岗地，属北方土石山区，土壤容许流失量为 200 t/（km²·a）。根据水土保持监测报告，通过抽样调查复核，结合地面坡度、植被覆盖度、土壤侵蚀分级标准，采用经验估判的方法，确定各防治区的土壤侵蚀模数，经加权平均，计算出项目建设区平均土壤侵蚀模数为 180 t/（km²·a）、土壤流失控制比为 1.1。

（3）拦渣率

工程建设期挖方 137.3 万 m³，填方 120.2 万 m³，弃方 17.1 万 m³，弃土全部为表土，用于复耕地和林草植被建设用地覆土。

电厂试运行期(2009年6月至2010年6月),排放的灰渣除综合利用外,剩余2.8万t运至贮灰场,全部拦挡。

项目建设期、试运行期拦渣率均为100%。

2. 生态环境和土地生产力恢复情况

(1)林草植被恢复率和林草覆盖率

项目建设区面积146.69 hm²,已绿化面积31.02 hm²(含贮灰场一期绿化面积4.32 hm²),可绿化面积31.23 hm²,项目区林草植被恢复率为99.19%,林草覆盖率为21.15%,详见表10-2。

表10-2   ××火电厂二期扩建工程植被恢复率、林草覆盖率表

防治分区	占地面积(hm²)	林草植被面积(hm²)			可绿化面积(hm²)	林草植被恢复率(%)	林草覆盖率(%)
		一期植物措施面积	二期植物措施面积	小计			
厂区	32.2		8.59	8.59	8.65	99.31	26.68
厂外道路	2.28		0.21	0.21	0.21	100.00	9.21
铁路专用线	3.05		0.61	0.61	0.61	100.00	20.00
施工生产生活区	20		14.51	14.51	14.56	99.66	72.55
厂外供水管线区	58.88						
贮灰场区	30.28	4.23	2.87	7.1	7.2	98.61	23.45
合计	146.69	4.23	26.79	31.02	31.23	99.19	21.15

(2)耕地恢复率

该项目仅有厂外供水管线区临时占用耕地51.76 hm²,工程结束后全部恢复为耕地,经当地政府验收,交还给农民使用,作物长

势良好,耕地恢复率为 100%。

例 10-2　某输气管道项目

1. 水土流失治理

(1)扰动土地整治率

经评估组调查核实,项目区施工扰动的土地面积为 8 110.86 hm²。通过各项措施共计完成整治面积 7 762.62 hm²,其中水土保持植物措施 1 190.63 hm²,水土保持工程措施 6 261.22 hm²(含土地整治),建构筑物、场地道路硬化、水面面积 310.77 hm²,项目区扰动土地整治率为 95.71%。详见表 10-3、表 10-4。

表 10-3　××输气管道项目扰动土地整治率(按防治分区)统计表

(单位:hm²)

防治区	扰动面积	扰动土地整治面积					扰动土地整治率(%)
		植物措施	工程措施	建筑物、硬化及水面	土地整治	小计	
管道作业带区	7 579.03	1 188.15	1 260.20	1.60	4 790.00	7 239.95	95.53
山体隧道穿越区	12.00		0.10	11.50	0.38	11.98	99.83
河流穿越区	160.07		0.03	142.80	15.58	158.41	98.96
公路铁路穿越区	42.84		0.03	34.67	7.25	41.95	97.92
站场及阀室区	157.20		47.10	107.20		154.30	98.16
施工道路	131.00				128.10	128.10	97.79
伴行道路	16.15	2.48	0.40	13.00		15.88	98.33
渣场区	12.57		0.27		11.78	12.05	95.86
合计	8 110.86	1 190.63	1 308.13	310.77	4 953.09	7 762.62	95.71

表10-4 ××输气管道项目扰动土地整治率(按区段)统计表

(单位:hm²)

区段	扰动面积	扰动土地整治面积					扰动土地整治率(%)
		植物措施	工程措施	建筑物、硬化及水面	土地整治复耕	小计	
新疆	4 050.65	204.80	117.27	189.60	3 317.51	3 829.18	94.53
甘肃	2 928.48	333.52	848.58	108.87	1 569.10	2 860.07	97.66
宁陕	1 131.73	652.31	342.28	12.30	66.48	1 073.37	94.84
合计	8 110.86	1 190.63	1 308.13	310.77	4 953.09	7 762.62	95.71

(2)水土流失总治理度

经调查核实,项目建设区水土流失面积 7 800.09 hm²,共计完成水土流失治理面积 7 451.85 hm²,水土流失治理度为 95.54%,详见表10-5、表10-6。

表10-5 ××输气管道项目水土流失总治理度(按防治区)统计表

(单位:hm²)

防治区	水土流失面积	硬化及建筑物、水面面积	水土流失治理面积			水土流失总治理度(%)
			工程措施(含复耕)	植物措施	小计	
管道作业带区	7 577.43	1.60	6 050.20	1 188.15	7 238.35	95.53
山体隧道穿越区	0.50	11.50	0.48		0.48	96.00
河流穿越区	17.27	142.80	15.61		15.61	90.39
公路铁路穿越区	8.17	34.67	7.28		7.28	89.11
站场及阀室区	50.00	107.20	47.10		47.10	94.20
施工道路	131.00		128.10		128.10	97.79
伴行道路	3.15	13.00	0.40	2.48	2.88	91.43
渣场区	12.57		12.05		12.05	95.86
合计	7 800.09	310.77	6 261.22	1 190.63	7 451.85	95.54

表 10-6 ××输气管道项目水土流失总治理度(按区段)统计表

(单位:hm²)

区段	水土流失面积	硬化及建筑物、水面面积	水土流失治理面积			水土流失总治理度(%)
			工程措施(含复耕)	植物措施	小计	
新疆	3 861.05	189.60	3 434.78	204.80	3 639.58	94.26
甘肃	2 819.61	108.87	2 417.68	333.52	2 751.20	97.57
宁陕	1 119.43	12.30	408.76	652.31	1 061.07	94.79
合计	7 800.09	310.77	6 261.22	1 190.63	7 451.85	95.54

(3)拦渣率

根据监测与调查分析,该项目 14 个弃土(石、渣)场,共弃土(石、渣)37.49 万 m³,拦渣量 36.25 万 m³,拦渣率为 96.69%,详见表 10-7。

表 10-7 ××输气管道项目拦渣率统计表

区段	弃土(渣)量(万 m³)	拦渣量(万 m³)	拦渣率(%)
新疆	25.86	24.89	96.25
甘肃	8.83	8.66	98.07
宁陕	2.80	2.70	96.43
合计	37.49	36.25	96.69

(4)土壤流失控制比

根据监测与调查分析,该项目治理后的平均土壤侵蚀模数为 1 100 t/(km²·a),工程所在区域土壤容许流失量为 1 000 t/(km²·a),平均土壤流失控制比 0.91,详见表 10-8。

表 10-8　××输气管道项目土壤流失控制比统计表

监测分区	工程区域平均土壤侵蚀模数 (t/(km²·a))	土壤容许流失量 (t/(km²·a))	土壤流失控制比
天山山地区	1 110	1 000	0.90
吐哈盆地及河西走廊戈壁沙漠区	1 165	1 000	0.86
河西走廊沙漠绿洲区	975	1 000	1.03
黄土高原干旱草原区	1 078	1 000	0.93
毛乌素沙地区	1 210	1 000	0.83
陕北覆沙黄土区	1 050	1 000	0.95
全线加权平均	1 100	1 000	0.91

2. 生态环境恢复情况

根据调查核实,项目建设区面积 8 110.86 hm²,可绿化面积 1 243.00 hm²,共完成植物措施面积 1 190.63 hm²,林草植被恢复率达到 95.57%,林草覆盖率 14.68%,详见表 10-9。

表 10-9　××输气管道项目植被恢复率、植被覆盖率统计表

区段	项目建设区总面积(hm²)	植物措施面积 (hm²)	可绿化面积 (hm²)	林草植被恢复率(%)	林草覆盖率 (%)
新疆	4 050.65	204.80	214.50	95.40	5.05
甘肃	2 928.48	333.52	350.50	95.16	11.39
宁陕	1 131.73	652.31	678.00	96.21	57.64
合计	8 110.86	1 190.63	1 243.00	95.57	14.68

10.2　防治效果分析

列表分析比较评估确认的防治目标与方案批复的防治目标,

说明方案实施后是否达到批复的防治目标。表式见表 10-10。

表 10-10　××火电厂二期扩建工程防治目标对照表

项目	扰动土地整治率	水土流失总治理度	土壤流失控制比	拦渣率	林草植被恢复率	林草覆盖率
方案批复的防治目标	95%	96%	1.0	96%	99%	21%
评估确认的防治目标	98.12%	97.30%	1.1	100%	99.19%	21.15%
综合评估结论	达到	达到	达到	达到	达到	达到

10.3　公众满意程度

列表反映公众调查情况,说明满意度。表式见表 10-11。

表 10-11　××火电厂二期扩建工程水土保持公众调查情况表

调查项目评价	好		一般		差		说不清	
	人数（人）	占总人数（%）	人数（人）	占总人数（%）	人数（人）	占总人数（%）	人数（人）	占总人数（%）
项目对当地经济的影响	17	85	3	15				
项目林草植被建设情况	17	85	3	15				
项目建设期间防护情况	16	80	2	10	1	5	1	5
土地恢复与绿化情况	18	90	1	5			1	5

10.4　评价意见

从以下四个方面进行评价:

(1)水土流失防治目标值是否符合设计和标准要求。

(2)恢复耕地面积和异地造地面积是否与损坏耕地面积数量

相等,质量相当。

(3)项目建设前与建成后项目区水土保持功能总体变化情况。用下降、恢复还是增强表示。

(4)公众是否满意。

例 10-3　某火电厂二期扩建项目

该项目水土保持效益评价意见是:

(1)根据评估组调查计算与分析,评估确认的各项效益指标值均达到方案确定的目标值,符合标准要求。

(2)项目损坏耕地面积 51.76 hm²,恢复耕地面积 51.76 hm²,面积数量相等,质量相当。

(3)项目建成后与建设前相比,林草覆盖率由 9.1% 提高到 21.15%,土壤侵蚀模数由 750 t/(km²·a)下降到 180 t/(km²·a),水土流失总治理度达到 97.3%,项目建成后的水土保持功能较建设前大大增强。

(4)根据公众调查,项目对当地经济的影响、项目林草植被建设情况、项目建设期间防护情况、项目土地恢复与绿化情况四项指标中满意度最低的为 80%,最高的达 90%,说明绝大多数公众对项目建设表示满意。

11

水土保持设施管理维护评价

水土保持设施的管理维护是确保其永续发挥效益的关键,应从明确管护责任、制定管护制度、落实管护人员和管护效果几方面分析评价。明确管护责任,是指项目永久占地范围内的水土保持设施由项目法人单位负责管理维护;项目临时占地、直接影响区的水土保持设施,由项目法人单位移交给土地所有权单位或个人使用、管理、维护。

例11-1 某输气管道工程

本着"谁使用、谁管护"的原则,项目建设单位将采取土地整治、复耕和覆土恢复植被后的管线作业带、弃渣场、施工便道等临时占地,归还土地所有权单位或个人使用、管理、维护;明确站场、阀室、伴行路等永久占地范围内的水土保持设施由建设单位的管理处负责管理维护。项目建设单位制定了《管线管理办法》、《管线管理细则》。管理处下设巡线维护队,负责辖区内的管线巡线,阀室、清管站看护,水工保护、水土保持设施的维护工作。巡线维护队下设巡线维护班,各分段设有巡线员,全线共有管道巡线维护人员约130人,实行三级管理。根据管道巡线管理办法及细则,巡线员每天对所辖管区进行一次巡检,巡线班每周进行一次巡检,巡线队每半月组织一次巡检。巡查内容包括管线地表完整情况、周围山体稳定情况、水工保护与水土保持设施的完好程度、可能引起的滑坡和塌方的灾害隐患等,遇有特殊情况及时上报处理。

管道工程运行一年多以来,水土保持设施的管理维护措施落实,效果较好。2004 年 6~7 月,受夏季强降雨影响,21 标段黄土区一些水工保护设施遭到不同程度损坏,60 余处管沟回填土被水淘刷,流失土方量达 4 万 m^3 左右;同年 8 月,管理处邀请有关部门和专家,共同对水毁现场进行了检查,分析水毁的原因,制订维修方案,并及时进行了修复,保障了管道安全运行,控制了水土流失。

综上所述,管道工程的水土保持设施管理维护责任明确,机构人员落实,制度健全,效果显著,具备正常运行条件,且能持续、安全、有效运转,符合交付使用要求。

例 11-2 某火电厂二期扩建项目

××火电厂二期扩建工程水土保持设施的管理维护由电厂工程部负责,制定了管理维护制度,落实了管护责任。

建设期、质保期水土保持工程措施、植物措施均应由施工单位负责,实行一建就管、建管结合,保证工程措施安全,保证植物措施成活。

运行期通过签订合同的方式,委托××实业发展有限公司运行检修分公司负责对项目永久占地区的水土保持设施进行管理维护。对工程措施进行不定期检查、清理排水沟内淤积的泥沙,发现异常情况及时修复加固,指派专人驻厂,对栽植的苗木草坪等进行浇水、施肥、除草,对死亡的苗木及时补植、更新。

厂外供水管线已复耕的临时占地,经当地政府验收合格,已交还给土地所有权单位或个人使用、管理、受益。

评估组认为,该火电厂水土保持设施管理维护责任明确,制度健全、管理有序、维护及时,经一年试运行,水土保持设施良好,有效地发挥了水土保持效益,保证了主体工程的正常运行。

12

结论·经验·建议

12.1 结 论

根据上述评估,对照《开发建设项目水土保持设施验收技术规程》规定的五条标准,逐一地说明,得出项目是否具备竣工验收条件,可否组织竣工验收的结论。这五条标准是:

(1)建设项目水土保持方案的审批手续完备,水土保持工程设计、施工、监理、质量评定、监测、财务支出的相关文件等资料齐全。

(2)水土保持设施按批准的水土保持方案及其设计文件建成,全部单位工程自查初验合格,符合主体工程和水土保持要求。

(3)建设项目的扰动土地整治率、水土流失总治理度、土壤流失控制比、拦渣率、林草植被恢复率、林草覆盖率等指标符合《开发建设项目水土流失防治标准》(GB 50434—2008)的规定,达到批复水土保持方案的防治目标。

(4)水土保持投资使用符合审批要求,管理制度健全。

(5)水土保持设施的后续管理、维护措施已落实,具备正常运行条件,且能持续、安全、有效运转,符合交付使用要求。

例 12-1 某火电厂二期扩建项目

结论:

(1)经查阅,××火电厂二期扩建项目水土保持方案审批手续完备,水土保持工程设计、施工、监理、质量评定、监测、财务支出等建档资料齐全。

（2）经调查核实，项目水土流失防治分区合理，防治措施选择得当，形成综合防治体系，基本按批复的水土保持方案、初步设计和设计变更要求建成，所有单位工程自查初验合格，符合主体工程和水土保持要求。评估结论：植物措施质量优良，工程措施和工程项目总体评价为合格。

（3）经分析计算，实施水土保持措施后，水土流失防治目标为：扰动土地整治率98.12%、水土流失总治理度97.30%、土壤流失控制比1.1、拦渣率100%、林草恢复率99.19%、林草覆盖率21.15%，均达到批复水土保持方案的防治目标，满足《开发建设项目水土流失防治标准》（GB 50434—2008）的要求。

（4）水土保持投资管理组织、财务制度健全，投资控制和价款结算程序严格，财务支出合理，投资使用符合审批要求，总投资较方案增加了566.60万元。

（5）项目临时占地和直接影响区的水土保持设施，移交给土地所有权的单位和个人使用管理管护；项目永久占地范围内的水土保持设施由建设单位投资，委托有关部门负责防护。具备正常运行条件，能持续、安全、有效运转，符合交付使用要求。

综上所述，项目具备验收条件，可以组织竣工验收。

12.2　经　验

应从组织领导、设计、施工、管理和技术方面总结值得借鉴的经验。

例12-2　某输变电项目

××输变电工程水土流失防治的经验是：

（1）成立了组织。项目建设单位重视水土保持工作，建立了组织、制度、责任、监督、奖惩"五位一体"的管理体系，配备了专门人员，制订了水土保持管理方案，分阶段明确了水土保持工作内容、重点和要求。

（2）推行了招标制。项目法人将水土保持工作纳入项目招标管理中，在合同文件中有明确的水土保持条款，并在设计、施工、监理、监测、验收等各个环节逐一落实。

（3）加强了管理。强化了施工管理，推行了工程监理，实施了水土保持监测，注意了检查验收，保证了资金按时、足额到位，确保了水土保持工程保质保量的顺利实施。

（4）优化了设计。全线利用高低腿塔架，大大减少了土石方量，减轻了水土流失。

（5）文明施工。在施工中，基础材料堆放及转运过程中利用彩条布作为铺衬，有效地减少对地表的扰动；引导绳采用动力伞空中不落地的展放工艺，有效地保护了农田与植被；牵张场设置专用施工通道，铺设钢板，避免了压实耕地；对表土进行了分层剥离、保存与利用。

（6）注重综合防治。在水土流失防治中，实行工程措施与植物措施相结合，永久措施与临时措施相结合，建立综合的防治体系；在施工中采取拦挡、苫盖、排水、沉沙等临时防治措施，减轻了施工造成的水土流失。

12.3　建　议

说明验收前应完成的主要工作、遗留的主要问题及建议。

例 12-3　某输气管道项目

为进一步搞好××管道工程的水土保持工作，顺利地通过竣工验收，实现建设绿色生态管道的目标，针对现场调查发现的问题，提出如下建议：

（1）管线所经的黄土塬和黄土丘陵区地形起伏较大，加之黄土湿陷性强，是维修和管护的重点。建议加强汛前和汛期检查，及时维护和完善水土保持设施；尤其是要完善管线排水系统，长度不足的排水沟应适当延长，沟口缺少消力设施的应增补完善。

（2）在太行山南麓土石山区,个别地段尚遗留有部分弃土、弃渣;有的管道施工作业带因表层覆土不够,种草效果较差。建议采取相应措施,治理弃土弃渣,增加管线地表覆土,并尽可能利用当地乡土树种、草种,加快植被恢复。

（3）目前,部分站场的绿化工程尚未完成,应按原定计划××年××月以前完成。

附　件

　　水土保持设施技术评估报告附件主要有：

- 项目立项审批或核准文件
- 水土保持方案批文
- 初步设计及变更批文
- 水行政主管部门监督检查意见
- 综合组评估报告
- 工程组评估报告
- 植物组评估报告
- 经济财务组评估报告
- 评估组成员名单

参 考 文 献

[1] 中华人民共和国建设部,中华人民共和国国家质量监督检验检疫总局.GB 50433—2008 开发建设项目水土保持技术规范[S].北京:中国计划出版社,2008.

[2] 中华人民共和国建设部,中华人民共和国国家质量监督检验检疫总局.GB 50434—2008 开发建设项目水土流失防治标准[S].北京:中国计划出版社,2008.

[3] 中华人民共和国水利部.SL 190—2007 土壤侵蚀分类分级标准[S].北京:中国水利水电出版社,2007.

[4] 中华人民共和国水利部.SL 277—2002 水土保持监测技术规程[S].北京:中国水利水电出版社,2002.

[5] 中华人民共和国水利部.SL 73.6—2001 水利水电工程制图标准.水土保持图[S].北京:中国水利水电出版社,2001.

[6] 中华人民共和国水利部.SL 336—2006 水土保持工程质量评定规程[S].北京:中国水利水电出版社,2006.

[7] 中华人民共和国国家质量监督检验检疫总局,中国国家标准化管理委员会.GB/T 22490—2008 开发建设项目水土保持设施验收技术规程[S].北京:中国标准出版社,2008.

[8] 中华人民共和国水利部.水土保持概(估)算编制规定[M].郑州:黄河水利出版社,2003.

[9] 郭索彦,苏仲仁.开发建设项目水土保持方案编写指南[M].北京:中国水利水电出版社,2009.

照　片

　　应附现场检查各项水土保持设施照片，以某火电厂二期项目为例。

铁路运输区排水沟

铁路专用线区排水沟

施工生产生活区排水沟

灰坝平台排水沟

升压站区浆砌片石骨架防护

贮煤场区挡墙

供水管线区复耕

彩条布临时苫盖

永临结合边坡防护

碎石压盖防护

临时排水沟

临时堆土苫盖

泥浆池

施工便道铺设钢板

临时沉沙池

彩钢板拦挡

附　图

以某火电厂二期扩建项目为例,水土保持设施技术评估报告应附如下图件:

附图1　项目地理位置图

附图2　竣工验收水土流失防治责任范围图

附图3　竣工验收水土保持设施布设图

附图4　竣工验收厂区水土保持工程措施平面布置图

附图5　竣工验收厂区水土保持植物措施平面布置图

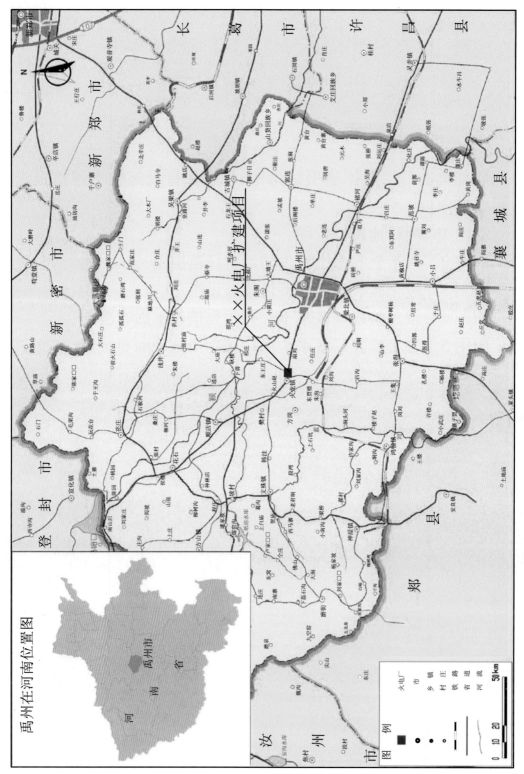

附图1　某火电厂二期扩建项目地理位置图